高等学校计算机应用规划教材

计算机文化基础(第二版) 实验指导

吕　鑫　侯殿有　编著

清华大学出版社

北　京

内 容 简 介

本书通过实践操作练习、上机测试等多方面内容强化上机实践能力。本书集知识性、实践性和操作性于一身，具有内容安排合理、层次清楚、图文并茂、通俗易懂、实例丰富等特点。

本书精心安排了 50 套上机测试题的题库，以及丰富的附录，包括 Word 查找和替换中的特殊字符、Excel 函数速查表和 Office 常用快捷键，对学习计算机的学生、从事科研工作的工程技术人员和采用办公自动化的公务人员有很大的参考价值。

本书所需资料可登录 http://www.tupwk.com.cn/downpage 网站，在侯殿有主编的《计算机文化基础(第二版)》随书资料中下载。

本书封面贴有清华大学出版社防伪标签，无标签者不得销售。

版权所有，侵权必究。侵权举报电话：010-62782989 13701121933

图书在版编目(CIP)数据

计算机文化基础(第二版)实验指导/吕鑫，侯殿有 编著. —北京：清华大学出版社，2012.2 (2018.7 重印)
高等学校计算机应用规划教材

ISBN 978-7-302-27975-4

I. 计… II. ①吕… ②侯… III. ①电子计算机—高等学校—教材 IV.TP3

中国版本图书馆 CIP 数据核字(2012)第 011514 号

责任编辑：胡辰浩 袁建华
封面设计：牛艳敏
责任校对：邱晓玉
责任印制：沈 露

出版发行：清华大学出版社
   网 址：http://www.tup.com.cn，http://www.wqbook.com
   地 址：北京清华大学学研大厦 A 座   邮 编：100084
   社 总 机：010-62770175   邮 购：010-62786544
   投稿与读者服务：010-62776969，c-service@tup.tsinghua.edu.cn
   质量反馈：010-62772015，zhiliang@tup.tsinghua.edu.cn
   课件下载：http://www.tup.com.cn，010-62796045

印 装 者：北京虎彩文化传播有限公司
经 销：全国新华书店
开 本：185mm×260mm   印 张：12.5   字 数：312 千字
版 次：2010 年 8 月第 1 版 2012 年 3 月第 2 版 印 次：2018 年 7 月第 7 次印刷
定 价：36.00 元

产品编号：043735-02

前　　言

随着计算机技术的进步，物联网、互联网技术的普及，计算机在各个领域中的应用得到了广泛发展。掌握计算机基础知识和基本操作，是大学生必须具备的基本技能。

为了帮助学生更好地学习计算机文化基础课程，我们编写了这本实验操作指导，使学生在实验课中有步骤地进行实践，从任务需求到任务解决，培养学生的独立操作能力，真正学会计算机工具的使用。

计算机文化基础课程的内容总在不断更新，内容及章节不断变化，所以本书按计算机文化基础课的重点教学内容进行章节划分，主要包括 Windows 7 的基本操作，Word 2010 的输入、编辑与排版，Excel 2010 的数据输入、计算及数据统计，PowerPoint 2010 演示文稿的编排、制作及播放，网络基础知识等内容。依据这些内容，本书由浅入深，分层次设计了一系列实验单元，侧重于学生实际操作能力的培养。通过"任务驱动式"实验要求，力求通过实际操作任务使学生清晰地理解实验内容，并按实验步骤完成相关操作。为了便于学生练习及教师组织实践测试环节，我们安排了 50 套上机测试题，可让学生按测试题样式独立完成，也可作为测试题目分配给学生。为了让读者对全国计算机等级考试(二级)有一定的了解，我们搜集并整理了近年真题和真题答案作为随书资料提供给读者，读者可登录清华大学出版社第五事业部网站http://www.tupwk.com.cn/downpage，在侯殿有主编的《计算机文化基础(第二版)》随书资料中下载。

本书集知识性、实践性和操作性于一身，具有内容安排合理、层次清楚、图文并茂、通俗易懂、实例丰富等特点。

本书由吕鑫、侯殿有主编，实验一由侯殿有编写，实验二由刘芳芳、马丹、刘继共同编写，实验三由侯殿有、张景波共同编写，实验四由吕鑫、陈刚共同编写，实验五由孙海峰、孙秀铃、田承琪共同编写，实验六由王丽丽、徐蕾共同编写，上机测试题由吕鑫、赵丽莉共同编写，附录由宋涛、陆冬梅共同编写完成。全书由侯殿有教授策划和审稿。

由于作者水平有限，本书不足之处在所难免，恳请读者批评指正。我们的电话是010-62796045，电子邮箱是 huchenhao@263.net。

编　者
2011-11-8

目　　录

实验一 不同数制的转换

【实验目的】

1. 掌握不同进制数的组成。

2. 掌握不同进制数的转换。

【实验要求】

登录清华大学出版社网站：http://www.tupwk.com.cn/downpage，下载侯殿有主编的《计算机文化基础(第二版)》随书资料，复制"实验讲义"文件夹中的two.exe程序并运行。按程序中提示完成本实验操作。

【实验内容】

练习不同进制数的转换。

【实验步骤】

运行程序two.exe，出现图1-1所示界面，其中最上面第一个编辑框内显示要求转换的数，它的数制在上部标签中说明，第二和第三个编辑框内要求填入转换结果，要求的数制也在各自上部标明。单击"开始"键后第一个编辑框出现第一个数据，用户需把正确答案填入第二和第三个编辑框中，单击"提交"按钮完成第一题解答，如果答对成绩加1分；如果答错，不加分。不管对错，每题只能答1次，此时第一个编辑框出现第2个数据，开始第二题解答…。

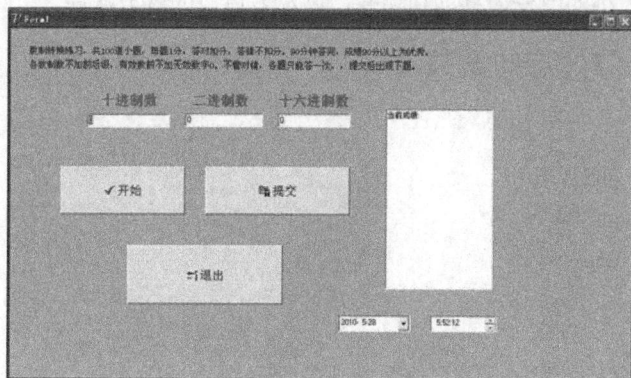

图1-1　不同数制相互转换练习

注意：

各编辑框上面的标签是会变化的，一定按标签要求答题，否则按答错处理。

共100道小题，答完系统自动给出成绩，90分以上为优。

16进制数中字母要大写。各数不加前后缀，如16进制数不加前缀0x；二进制数不加后缀B。

实验二 Windows 7操作

2.1 Windows 7 基本操作

【实验目的】

1. 熟悉 Windows 7 的启动与关闭过程。
2. 掌握 Windows 7 桌面元素的使用。
3. 掌握窗口的基本操作。
4. 掌握任务栏和开始菜单的设置与使用。
5. 掌握帮助中心的使用。

【实验要求】

1. 完成 Windows 7 的启动、注销和关闭操作。
2. 实现桌面对象图标的选择、移动、排列、查看、重命名和快捷方式的建立。
3. 利用任务栏查看、修改系统日期和时间，调整任务栏的位置、宽度和显示属性。
4. 更改桌面的外观和主题，如桌面的背景、屏幕保护和屏幕分辨率等。
5. 实现窗口大小的改变、移动和切换，以及多窗口的叠放次序。

2.1.1 Windows 7 的启动与关闭

【实验内容】

1. Windows 7 的启动。
2. Windows 7 的关闭。
3. Windows 7 的睡眠。

【实验步骤】

1. 开机启动 Windows 7

启动 Windows 7 操作系统的步骤如下。

(1) 依次打开外部设备的电源开关和主机电源开关。

(2) 在启动过程中，Windows 7 会自动进行自检、初始化硬件设备，如果系统正常运行，则无需进行其他任何操作。

(3) 进入 Windows 7 后，首先出现登录界面，中间列出已建立的所有用户帐号，并且每个用户帐号都配有一个图标，单击相应的用户图标，如果设置了用户密码，则在"密码"文本框中输入密码，然后按 Enter 键，即可登录 Windows 7 操作系统。

2. 关机退出 Windows 7

(1) 单击 Windows 7 工作界面左下角的"开始"按钮██。

(2) 弹出"开始"菜单，单击右下角的"关机"按钮，电脑在自动保存文件和设置后将退出 Windows 7。

(3) 关闭显示器及其他外部设备的电源。

3. 进入睡眠状态

(1) 单击 Windows 7 工作界面左下角的"开始"按钮，弹出"开始"菜单，单击右下角 ██ 按钮右侧的 ██ 按钮，然后在弹出的菜单列表中选择"睡眠"命令，即可使电脑进入睡眠状态。

(2) 在进入睡眠状态时，Windows 7 会自动保存当前打开的文档和程序中的数据，并且使 CPU、硬盘和光驱等设备处于低能耗状态，从而达到节能省电的目的，单击鼠标或敲击键盘上的任意按键，电脑就会恢复到进入"睡眠"前的工作状态。

2.1.2　桌面及窗口的基本操作

【实验内容】

启动 Windows 7 操作系统，观察 Windows 7 桌面各组成元素，完成如下操作。

1. 移动桌面图标到不同位置。

2. 将"计算机"图标更名为 Computer。

3. 设置桌面图标，按照"项目类型"方式排列桌面元素。

4. 删除"网络"图标。

5. 添加系统图标，然后打开系统图标对应的窗口，在这些窗口之间进行切换和改变窗口的排列方式。

6. 利用系统帮助功能查找有关"睡眠"功能的帮助信息。

【实验步骤】

1. 移动图标

启动 Windows 7 操作系统，单击桌面上"计算机"图标，确保"计算机"图标处于选中状态，按住鼠标左键将其拖动到桌面的不同位置。

2. 重命名

(1) 单击选中"计算机"图标，右击鼠标，在弹出的快捷菜单中选中"重命名"命令，图标名称变为高亮，在文本高亮处输入 Computer，再按 Enter 键即可实现图标名称的更改。

(2) 用户也可以先选中"计算机"图标，再次单击"我的电脑"图标，也可以进入重命名状态。切记是两次单击图标而不是一次双击，要注意鼠标单击操作的间隔时间。若是双击鼠标，则可打开"我的电脑"对话框。

(3) 有些系统图标不可以重命名，如"回收站"。

3. 更改桌面排列方式

在桌面空白位置右击鼠标，在弹出的快捷菜单中选择"排序方式"|"项目类型"命令，桌面上的图标则按照文件类型排列。

4. 删除图标

在"网络"图标上右击鼠标，在弹出的快捷菜单中选择"删除"命令，或将鼠标光标移到"网络"图标上，按住鼠标左键不放，将该图标拖动至"回收站"图标上，释放鼠标左键，在打开的删除提示对话框中单击"确定"按钮，如图 2-1 所示。

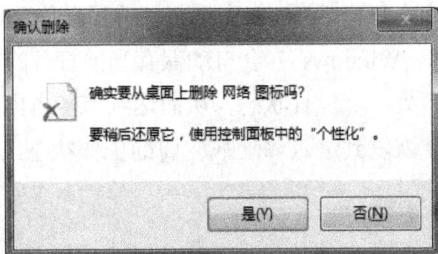

图 2-1　删除计算机图标

5. 添加系统图标并管理桌面窗口

(1) 在桌面空白处单击鼠标右键，在弹出的快捷菜单中选择"个性化"命令，如图 2-2 所示。

(2) 打开"个性化"窗口，单击导航窗格中的"更改桌面图标"超链接，如图 2-3 所示。

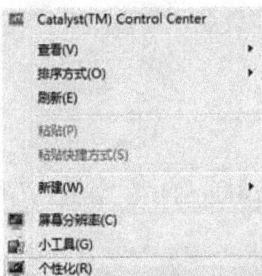

图 2-2　选择"个性化"命令　　　图 2-3　单击"更改桌面图标"超链接

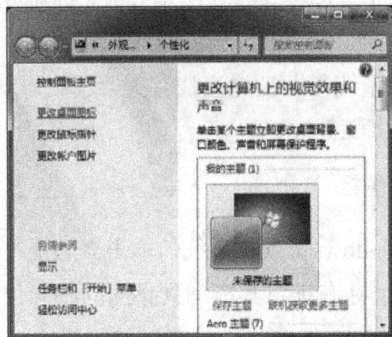

(3) 打开"桌面图标设置"对话框，选中"桌面图标"栏中所有的复选框，然后单击"确定"按钮，如图 2-4 所示。

(4) 返回到桌面，双击桌面的系统图标，打开"计算机"、"用户的文件"、"回收站"和"控制面板"系统窗口，然后将鼠标光标移到打开窗口的标题栏上，当鼠标光标变为"上下箭头"形状时，双击鼠标左键，让所有打开的窗口垂直于桌面显示。

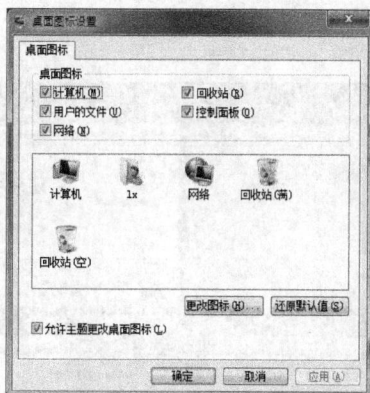

图 2-4　选中"网络"复选框

(5) 将鼠标光标移到打开窗口的标题栏上，双击鼠标左键，还原所有打开的窗口，然后在按住 Windows 键不放的同时按 Tab 键，依次在这些窗口间进行切换，如图 2-5 所示。

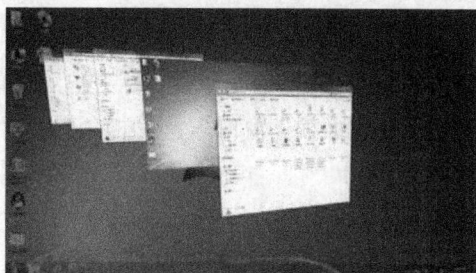

图 2-5　切换窗口

(6) 单击"计算机"、"用户的文件"和"回收站"窗口的"最小化"按钮　，再将鼠标光标移到任务栏中的窗口按钮上，在弹出的框中可预览窗口，如图 2-6 所示。单击各窗口的缩略图打开相应的窗口。

图 2-6　使用任务栏预览切换窗口

(7) 打开所有窗口，在任务栏的空白处单击鼠标右键，在弹出的快捷菜单中选择"并排显示窗口"命令，将打开的所有系统窗口以"并排显示窗口"方式排列，如图 2-7 所示。

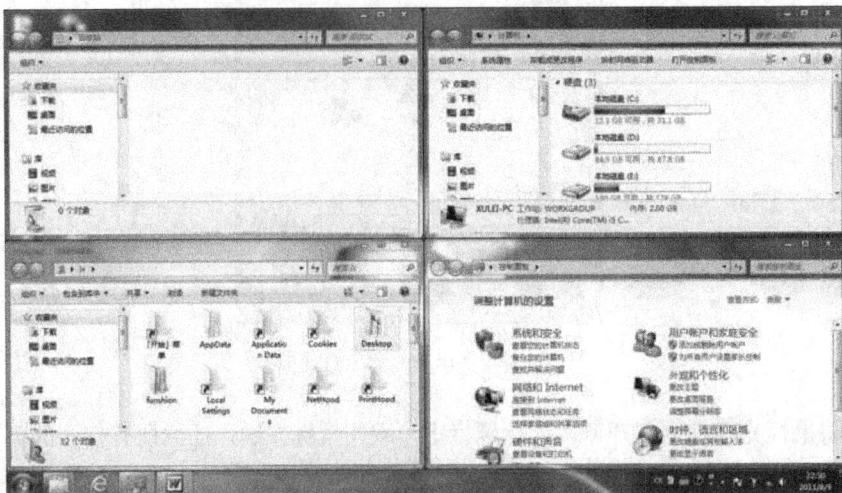

图 2-7　并排显示窗口

(8) 将鼠标光标移到任务栏中的　按钮上，单击鼠标右键，在弹出的快捷菜单中选择"关闭所有窗口"命令，然后单击"控制面板"窗口标题栏中的"关闭"按钮，关闭"控制面板"窗口。

6．搜索"睡眠"功能的帮助信息

(1) 单击"开始"按钮　，弹出"开始"菜单，选择系统控制区的"帮助和支持"命令，打开"Windows 帮助和支持"主界面。如图 2-8 所示。

(2) 在"搜索帮助"搜索框中输入"睡眠"文本内容，按 Enter 键，搜索"睡眠"功能的帮助内容。

(3) 系统自动搜索出"睡眠"功能的帮助主题，如图 2-9 所示。

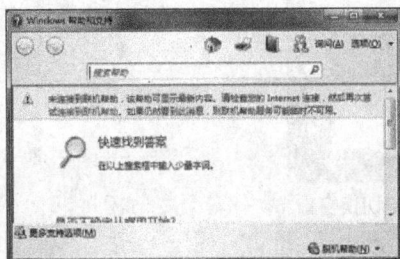

图 2-8　"Windows 帮助和支持"主界面

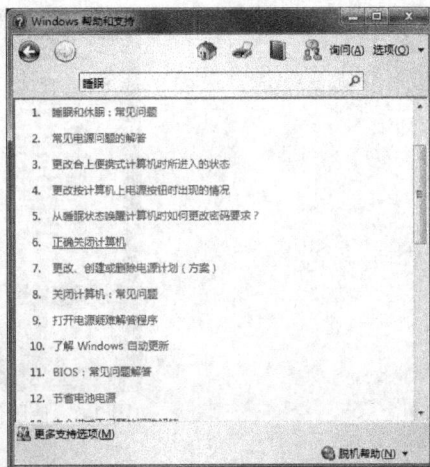

图 2-9　"睡眠"功能的帮助主题

(4) 在搜索结果列表中单击"正确关闭计算机"超链接，打开"正确关闭计算机"界面，如图 2-10 所示。

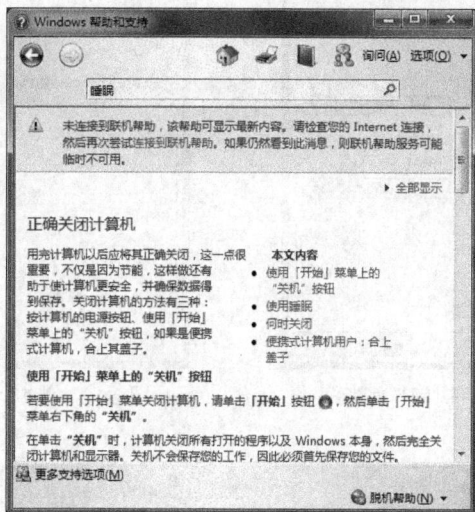

图 2-10 "正确关闭计算机"界面

(5) 单击右侧的"使用睡眠"超链接，或者滑动该界面右侧的滚动条查看"使用睡眠"功能的内容。查看完帮助信息后，单击右上角的 ✕ 按钮，关闭该界面。

2.1.3 任务栏和"开始"菜单的设置

【实验内容】

1. 利用任务栏上的时钟图标查看、修改系统当前日期和时间，修改后隐藏任务栏上的时钟图标。

2. 添加和查看附加时钟。

3. 调整任务栏的位置和宽度，设置任务栏自动隐藏或显示。

4. 将"开始"菜单中电源按钮更改为"睡眠"，并在"开始"菜单中添加、删除项目。

5. 在桌面上建立"记事本"应用程序的快捷方式。

【实验步骤】

1. 修改系统时钟

(1) 将鼠标光标移到任务栏中显示日期和时间的按钮上，单击鼠标右键，在弹出的快捷菜单中选择"调整日期/时间"命令，打开"日期和时间"对话框，选择"日期和时间"选项卡，单击"更改日期和时间"按钮，如图 2-11 所示。

(2) 打开"日期和时间设置"对话框，在"时间"数值框中调整时间，然后在"日期"列表框中选择日期，单击"确定"按钮。

(3) 返回到"日期和时间"对话框，选择"Internet 时间"选项卡，单击"更改设置"按钮，如图 2-12 所示。打开"Internet 时间设置"对话框，单击"立即更新"按钮，如图 2-13 所示，将当前时间设置与 Internet 时间同步，单击"确定"按钮。

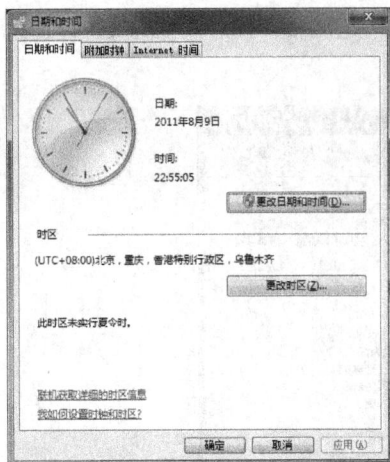

图 2-11　"日期和时间"对话框

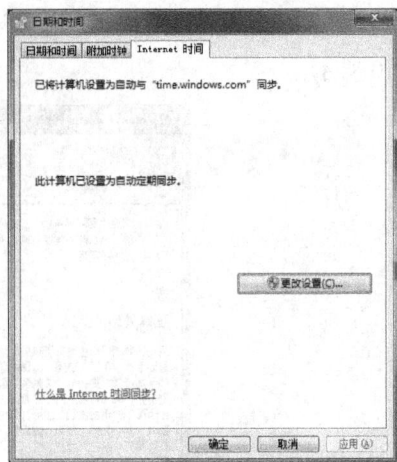

图 2-12　单击"更改设置"按钮

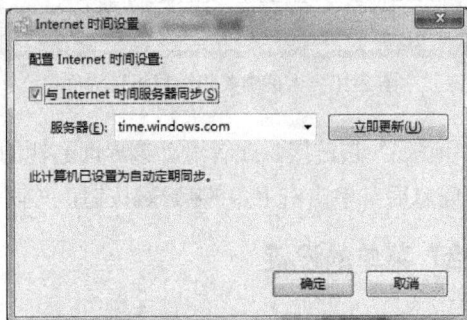

图 2-13　更新时间

(4) 返回到"日期和时间"对话框中，单击"确定"按钮，完成设置。

2. 添加附加时钟

(1) 将鼠标光标移到任务栏中显示日期和时间的按钮上，单击鼠标右键，在弹出的快捷菜单中选择"调整日期/时间"命令，打开"日期和时间"对话框。

(2) 切换至"附加时钟"选项卡，选中两个"显示此时钟"复选框，在两个"选择时区"下拉列表框中分别选择"太平洋时间"和"国际日期变更线西"选项，在两个"输入显示名称"文本框中分别输入"美国"和"变更线西"文本内容，如图 2-14 所示，单击"确定"按钮。

(3) 返回桌面，将鼠标光标移到任务栏通知区域显示的日期和时间对应的按钮上，弹出的浮动界面中将显示出"本地时间"、"美国"时间和"变更线西"时间，如图 2-15 所示。用鼠标单击日期和时间对应的按钮，系统自动弹出显示附加时钟的界面，如图 2-16 所示。

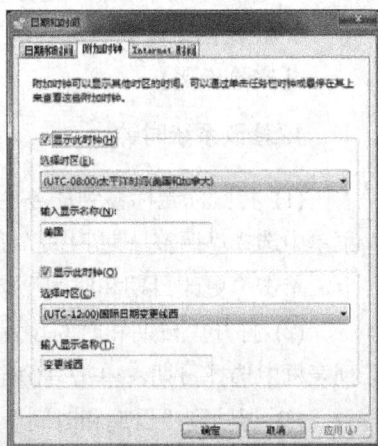

图 2-14　设置附加时钟

图 2-15　查看日期和时间

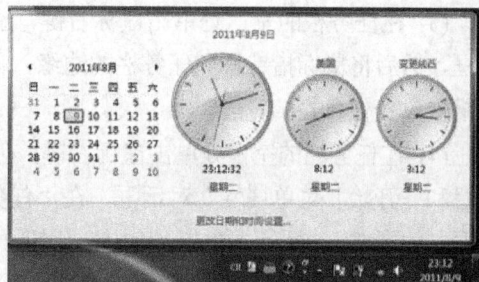

图 2-16　查看附加时钟

3. 任务栏操作

(1) 在任务栏的空白处单击鼠标右键，在弹出的快捷菜单中选择"属性"命令，打开"任务栏和「开始」菜单属性"对话框，在"任务栏"选项中取消选中"锁定任务栏"复选框，即可取消对任务栏的锁定操作。如图 2-17 所示。

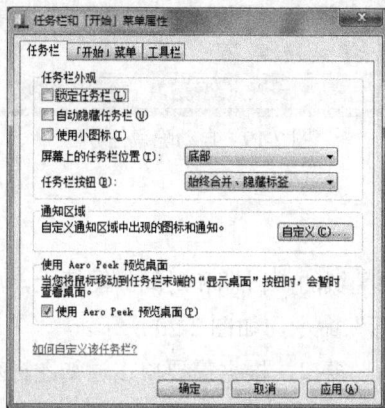

图 2-17　"任务栏和「开始」菜单属性"对话框

(2) 在"屏幕上的任务栏位置"下拉列表框中选择所需选项，这里选择"左侧"选项，设置完成后单击"确定"按钮，如图 2-18 所示，完成调整任务栏位置的设置。

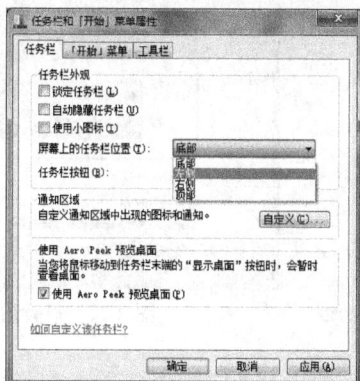

图 2-18　设置任务栏的位置

(3) 在任务栏的空白处单击鼠标右键，在弹出的快捷菜单中取消选中"锁定任务栏"复选框，然后将鼠标指针移到任务栏的边缘，鼠标指针变成双箭头时，按住鼠标左键不放，拖动鼠标改变任务栏的宽度。

(4) 在任务栏的空白处单击鼠标右键，在弹出的快捷菜单中选择"属性"命令，打开"任务栏和「开始」菜单属性"对话框，在"任务栏"选项卡中单击选中"自动隐藏任务栏"复选框，如图 2-19 所示，单击"确定"按钮，设置自动隐藏任务栏。

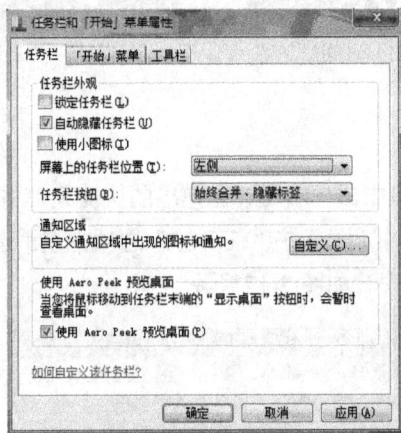

图 2-19　自动隐藏任务栏

4．自定义任务栏图标

(1) 将鼠标指针移到通知区域的"日期和时间"图标上，单击鼠标右键，在弹出的快捷菜单中选择"自定义通知图标"命令，如图 2-20 所示。

(2) 打开"通知区域图标"窗口，根据需要单击通知图标对应的按钮，在弹出的下拉列表框中选择所需选项，如单击"阿里旺旺"对应的按钮，在弹出的下拉列表中选择"仅显示通知"选项，如图 2-21 所示，然后单击"确定"按钮。

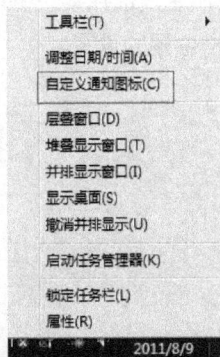

图 2-20　选择"自定义通知图标"命令　　　　图 2-21　设置通知图标显示效果

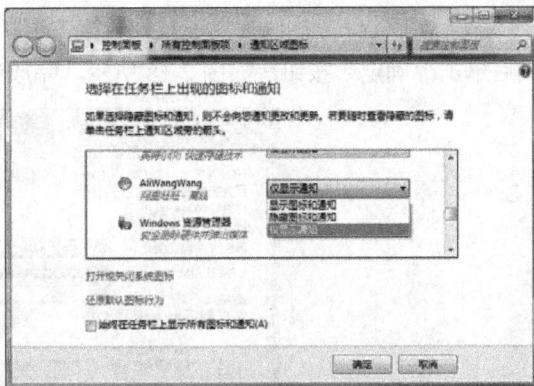

(3) 单击"通知区域图标"窗口左下方的"打开或关闭系统图标"超链接，打开"系统图标"窗口，在其中可选择打开或关闭通知图标。如图 2-22 所示。

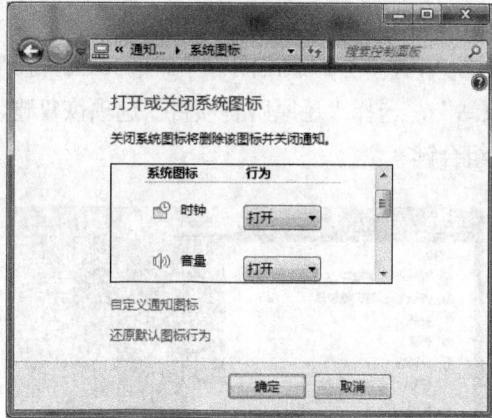

图 2-22　　"系统图标"窗口

5. 「开始」菜单操作

(1) 在任务栏的空白处单击鼠标右键，在弹出的快捷菜单中选择"属性"命令，打开"任务栏和「开始」菜单属性"对话框，选择"「开始」菜单"选项卡。在"电源按钮操作"下拉列表框中选择"睡眠"选项，如图 2-23 所示。

(2) 单击"自定义"按钮，打开"自定义「开始」菜单"对话框，在下方的列表框中可对"开始"菜单中的项目进行添加或删除操作。例如，要将"音乐"图标隐藏起来，选中"音乐"项目下的"不显示此项目"单选按钮，再选中"游戏"项目下面的"显示为链接"单选按钮，然后在"「开始」菜单大小"栏的"要显示的最近打开过的程序的数目"和"要显示在跳转列表中的最近使用的项目数"数值框中分别输入相应数值，如输入 3 和 5，如图 2-24 所示，单击"确定"按钮。

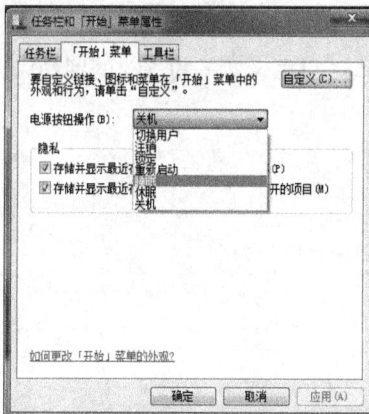

图 2-23　设置"电源按钮操作"

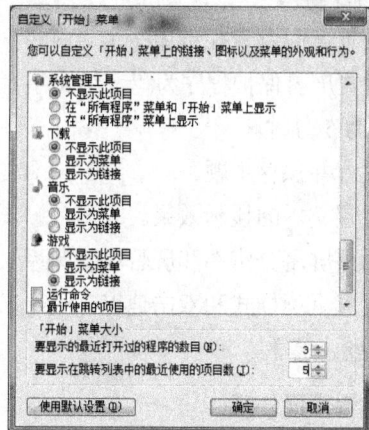

图 2-24　设置"开始"菜单

6. 快捷方式操作

在"开始"|"所有程序|附件"子菜单中的"记事本"选项上右击鼠标，在弹出的快捷菜单中选择"发送到"|"桌面快捷方式"命令，如图 2-25 所示。再选中桌面上刚创建的"记

事本”快捷方式图标，按下 Delete 键，将其删除。

删除应用程序的快捷方式，并不会卸载应用程序。按 Delete 键删除的对象会被存放到“回收站”中，可打开“回收站”，选择“还原所有项目”选项恢复删除对象。若要彻底删除对象，则可按 Shift+Delete 组合键。

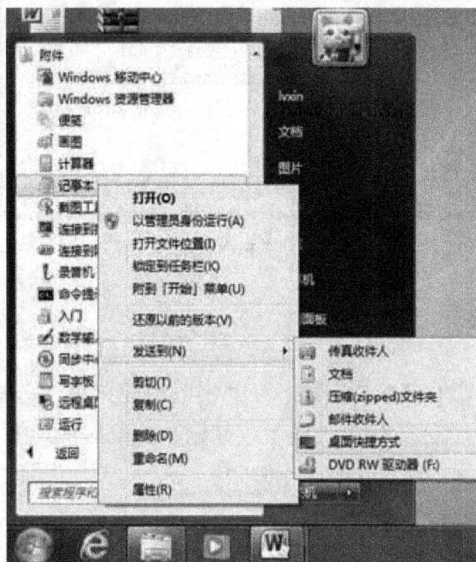

图 2-25　创建桌面快捷方式

2.1.4　桌面个性化设置

【实验内容】

1. 设置桌面背景并添加两个“时钟”小工具。

2. 设置屏幕保护程序为“三维文字”的摇摆式，自定义文字为“我的屏幕保护文字”，等待时间为 5 分钟。

3. 设置并保存主题。

4. 设置文本的显示效果。

5. 调整屏幕分辨率和屏幕刷新频率。

6. 设置鼠标样式和双击速度。

【实验步骤】

1. 设置桌面外观

(1) 在桌面空白处单击鼠标右键，在弹出的快捷菜单中选择“个性化”命令，打开“个性化”窗口，单击下方的“桌面背景”超链接，如图 2-26 所示。

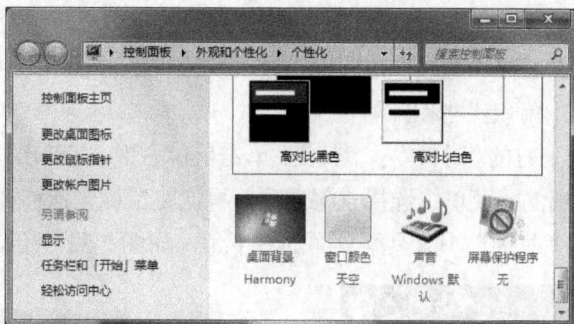

图 2-26　单击"桌面背景"超链接

(2) 打开"桌面背景"窗口，在中间的列表框中选择背景图片，其他保持默认设置，单击"保存修改"按钮，如图 2-27 所示。

图 2-27　选择背景图片

(3) 返回到"个性化"窗口，单击 X 按钮关闭该窗口，返回桌面后可看到桌面背景已经应用了所选的图片。

(4) 在桌面空白处单击鼠标右键，在弹出的快捷菜单中选择"小工具"命令，打开保存小工具的窗口，如图 2-28 所示。双击"时钟"小工具的图标，再次双击"时钟"小工具的图标，然后将该窗口关闭，此时，在桌面上添加了两个"时钟"小工具，如图 2-29 所示。

图 2-28　"小工具"窗口

图 2-29　添加"时钟"小工具

(5) 将鼠标光标移到上方的"时钟"小工具上，单击鼠标右键，在弹出的快捷菜单中选择"选项"命令，打开"时钟"对话框，单击⊙按钮，选择最后一个时钟样式，在"时钟名称"文本框中输入时钟名称"考拉"，选中"显示秒针"复选框，其他保持默认设置不变，如图2-30所示，单击"确定"按钮。

(6) 将光标移到下方的"时钟"小工具上，单击鼠标右键，在弹出的快捷菜单中选择"不透明度"命令，在弹出的子菜单中选择60%选项，再次将鼠标光标移到该小工具上，按住鼠标左键不放，拖动该"时钟"小工具至桌面的右下角，如图2-31所示。

图2-30　设置"时钟"对话框　　　　图2-31　设置时钟后的显示效果

2. 设置屏幕保护程序

(1) 在桌面空白处单击鼠标右键，在弹出的快捷菜单中选择"个性化"命令，打开"个性化"窗口，单击下方的"屏幕保护程序"超链接，打开"屏幕保护程序设置"对话框，在"屏幕保护程序"下拉列表框中选择"三维文字"选项，如图2-32所示。

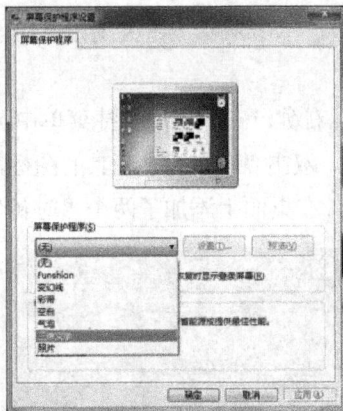

图2-32　选择"三维文字"方案

(2) 单击"设置"按钮，弹出"三维文字设置"对话框，在"自定义文字"输入框中输入"我的屏幕保护文字"文本内容。在"旋转类型"列表中选择"摇摆式"选项，如图2-33所示。设置完毕后单击"确定"按钮。

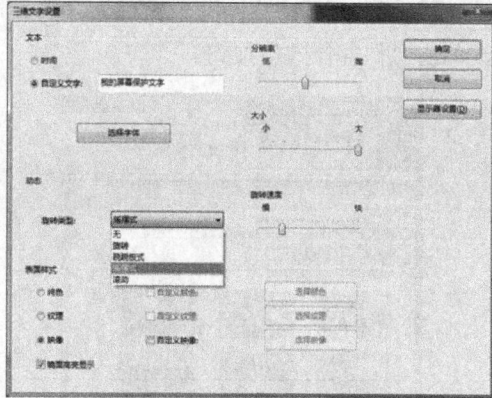

图 2-33　"三维文字设置"对话框

（3）在"等待"数值框中输入开启屏幕保护程序的时间，如输入 5，如图 2-34 所示，然后单击"预览"按钮，预览设置后的效果，单击"确定"按钮，使设置生效。

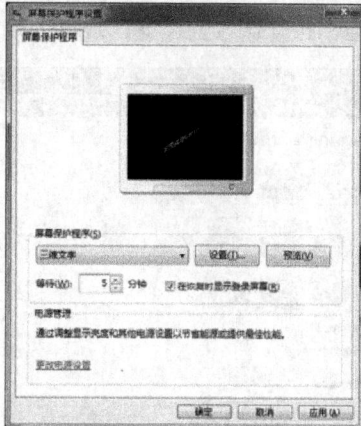

图 2-34　设置等待时间

3. 设置并保存主题。

（1）在桌面空白处单击鼠标右键，在弹出的快捷菜单中选择"个性化"命令，打开"个性化"窗口，如图 2-35 所示。选择"Aero 主题"栏下的"中国"选项。

图 2-35　选择主题类型

(2) 单击"桌面背景"超链接，打开"桌面背景窗口"，选择"中国"图片组中的第三幅图片，如图2-36所示，单击"保存修改"按钮。

图2-36　选择背景图片

(3) 返回"个性化"窗口，单击"窗口颜色"超链接，打开"窗口颜色和外观"窗口，选择第一种"天空"颜色，其他保持默认设置不变，如图2-37所示，单击"保存修改"按钮。

图2-37　设置窗口颜色

(4) 返回"个性化"窗口，用鼠标右键单击"我的主题"下的"未保存的主题"选项，在弹出的快捷菜单中选择"保存主题"命令，如图2-38所示。

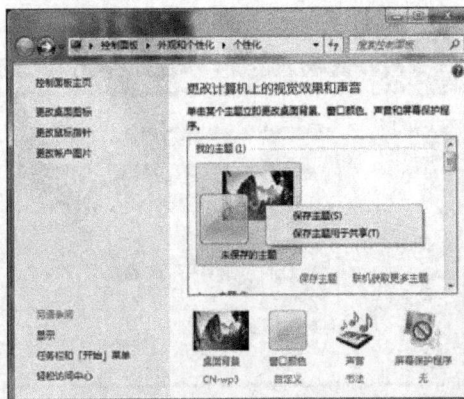

图2-38　选择"保存主题"命令

(5) 打开"将主题另存为"对话框，在"主题名称"文本框中输入主题的名称，单击"保存"按钮，即可保存该主题，如图 2-39 所示。

图 2-39　保存主题

4. 设置文本显示效果

(1) 在桌面空白处单击鼠标右键，在弹出的快捷菜单中选择"个性化"命令，打开"个性化"窗口，单击左下角的"显示"超链接。打开"显示"窗口，单击导航窗格中的"调整 ClearType 文本"超链接，打开调整文本显示效果的向导界面。

(2) 选中"启用 ClearType"复选框，单击"下一步"按钮，如图 2-40 所示。

(3) 打开确认监视器设置为本机基本分辨率的向导界面，确认设置后，单击"下一步"按钮。

(4) 打开如图 2-41 所示的向导界面，根据需要选择最佳的文本显示效果，然后单击"下一步"按钮，接着打开类似的向导界面，同样，选择最佳的文本显示效果，再单击"下一步"按钮，确认设置后，单击"完成"按钮。

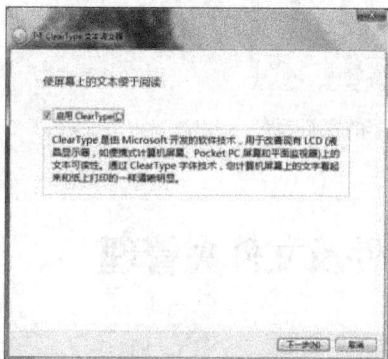

图 2-40　启用 ClearType　　　　　　　　图 2-41　选择最佳示例效果

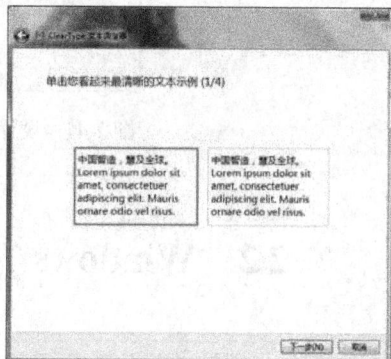

5. 调整屏幕分辨率和屏幕刷新频率

(1) 在桌面空白处单击鼠标右键，在弹出的快捷菜单中选择"屏幕分辨率"命令，打开"屏幕分辨率"窗口，如图 2-42 所示。

(2) 在"分辨率"下拉列表框中，通过拖动滑块来改变分辨率的大小，如图 2-43 所示，确认分辨率后，单击"确定"按钮。

图 2-42 "屏幕分辨率"窗口 图 2-43 调整分辨率

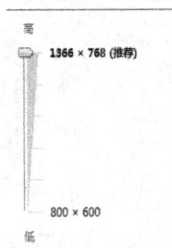

(3) 单击"屏幕分辨率"窗口中的"高级设置"超链接，在打开的对话框中选择"监视器"选项卡，在"屏幕刷新频率"下拉列表框中选择所需选项，如图 2-44 所示，然后单击"确定"按钮。

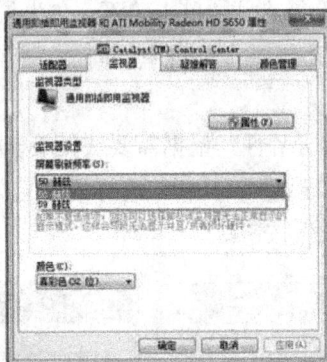

图 2-44 设置显示器的刷新频率

2.2 Windows 7 文件及文件夹管理

【实验目的】
1. 掌握文件或文件夹的基本操作和设置。
2. 掌握 Windows 7 环境下文件的搜索方法。

【实验要求】
1. 实现文件或文件夹的基本操作，如选定、打开、新建、移动、复制、删除、重命名。
2. 更改文件或文件夹的属性，如设置为"只读"和"隐藏"。
3. 完成 Windows 7 下文件的搜索任务。

2.2.1 文件和文件夹的操作

【实验内容】
1. 在 D 盘新建一个文件夹，命名为"我的文件"，并在其中创建 3 个文本文件 file1.txt、

file2.txt、file3.txt。

2．将 file3.txt 更名为 new.txt。

3．将"我的文件夹"移动到 E 盘。

4．将"我的文件夹"中的 filel.txt 删除到回收站中，再将其恢复，将 file2.txt 从磁盘上彻底删除。

【实验步骤】

1．创建文件和文件夹

(1) 双击"计算机"图标，打开"计算机"窗口，再通过文件夹窗格打开 D 盘窗口，然后单击工具栏中的"新建文件夹"按钮，如图 2-45 所示。

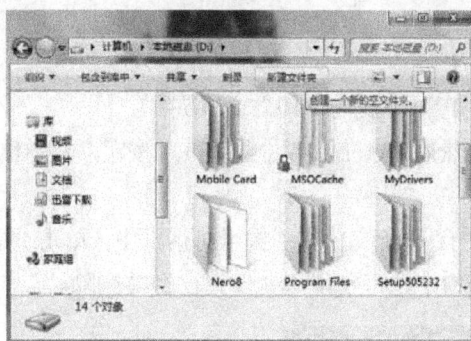

图 2-45　新建文件夹

(2) 此时在新建文件夹的"名称"文本框中直接输入"我的文件"文本内容，完成新建文件夹的操作，如图 2-46 所示。

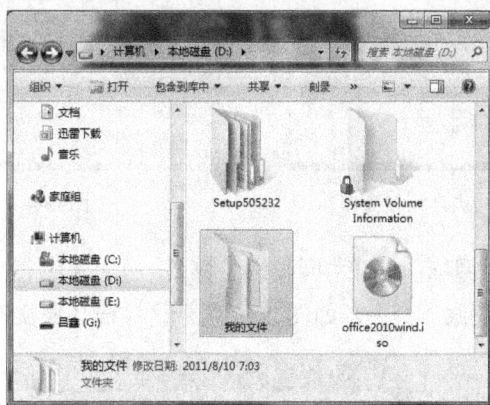

图 2-46　命名文件夹

(3) 双击打开"我的文件"文件夹，右击鼠标，在弹出的快捷菜单中选择"新建"|"文本文档"命令，出现新建的文件图标，输入文件名 file1.txt，然后在窗口空白位置单击即可。使用同样的方法创建 file2.txt 和 file3.txt 文件。

2. 重命名文件或文件夹

(1) 右键单击 file3 文本文件，在弹出的快捷菜单中选择"重命名"命令。

(2) 此时 file3 文件的名称文本框呈可编辑状态，输入 new 文本内容后，单击窗口空白处或按 Enter 键，完成重命名操作。

3. 移动文件或文件夹

(1) 通过文件夹窗格打开 D 盘，右键单击"我的文件"文件夹，在弹出的快捷菜单中选择"剪切"命令，被剪切后的文件与被选中前相比呈浅色显示。

(2) 打开 E 盘窗口，在空白区单击鼠标右键，在弹出的快捷菜单中选择"粘贴"命令，完成移动文件夹操作。

4. 删除文件或文件夹

(1) 通过文件夹窗格打开 "我的文件"文件夹。

(2) 选择 file1 文件，然后单击工具栏中的 组织▾ 按钮，在弹出的菜单中选择"删除"命令，如图 2-47 所示。

(3) 在系统自动打开的"删除文件夹"提示对话框中，单击"是"按钮，如图 2-48 所示，返回到"我的文件夹"窗口中，可发现该文件夹已经被删除。

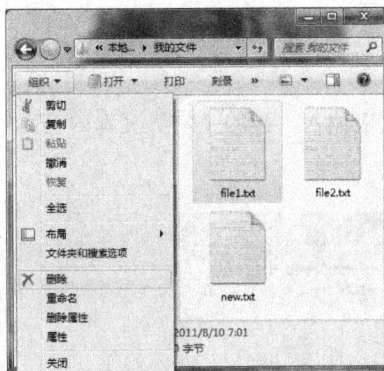

图 2-47　执行删除操作　　　　　　　　　图 2-48　确认删除

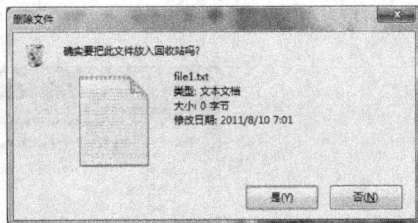

(4) 双击"回收站"图标，打开"回收站"窗口，选择 file1 文件，单击鼠标右键，在弹出的快捷菜单中选择"还原"命令，如图 2-49 所示，完成还原文件夹的操作。

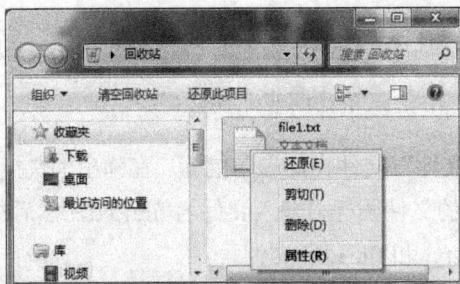

图 2-49　还原文件夹

(5) 打开"我的文件"文件夹，选中 file2 文件，按 Shift+Delete 键，然后在打开的对话框中单击"是"按钮，便可彻底删除 file2 文件。

2.2.2　文件搜索与文件夹属性设置

【实验内容】

1. 搜索 C 盘上所有扩展名为.txt 的文件，将所搜结果中的任意 1 个文件复制到"我的文件"文件夹中。

2. 搜索 C 盘上文件名第 3 个字母为 B 的，并且扩展名为.bmp 的文件，将搜索结果中的任意 1 个文件复制到"我的文件"文件夹中。

3. 查看"我的文件"文件夹，更改其显示图标。

4. 设置"我的文件"文件夹属性为"只读"和"隐藏"，并在 E 盘中显示被隐藏的"我的文件"文件夹。

【实验步骤】

1. 搜索 C 盘上的.txt 文件

(1) 双击"计算机"图标，打开"计算机"窗口，单击工具栏中的"搜索"按钮 🔍。

(2) 在"搜索"文本框中输入.txt，系统自动进行搜索，搜索完成后，该窗口中将显示所有符合条件的搜索结果，如图 2-50 所示。

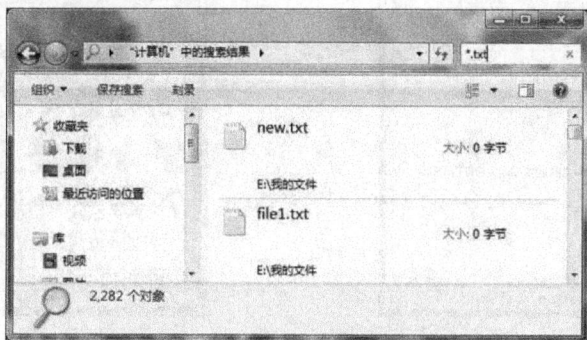

图 2-50　显示搜索结果

(3) 选择任意搜索结果，单击鼠标右键，在弹出的快捷菜单中选择"复制"命令。通过文件夹窗格打开"我的文件"文件夹，然后在空白处单击鼠标右键，在弹出的快捷菜单中选择"粘贴"命令，完成复制文件到"我的文件"文件夹的操作。

2. 查看"我的文件夹"，更改其显示图标

(1) 打开"计算机"窗口，单击工具栏中的"搜索"按钮，在其文本框中输入"我的文件"文本内容，如图 2-51 所示，系统将自动进行搜索，搜索完成后在窗口中将显示符合搜索条件的文件夹。

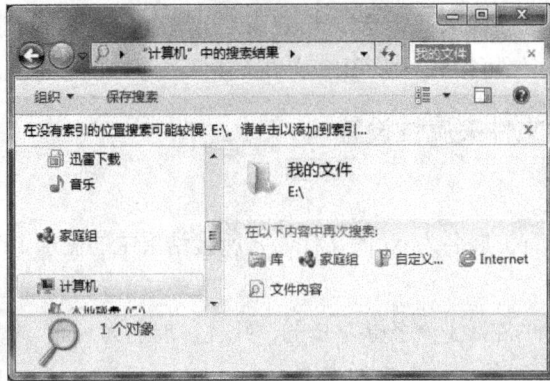

图 2-51　搜索文件夹

(2) 选择"我的文件"文件夹，单击鼠标右键，在弹出的快捷菜单中选择"属性"命令，打开"我的文件|属性"对话框，选择"自定义"选项卡，然后单击"文件夹图标"栏中的"更改图标"按钮，如图 2-52 所示。

(3) 打开"为 文件夹 我的文件 更改图标"对话框，通过拖动"从以下列表中选择一个图标"列表框下方的滚动条选择图标选项，单击"确定"按钮，如图 2-53 所示。

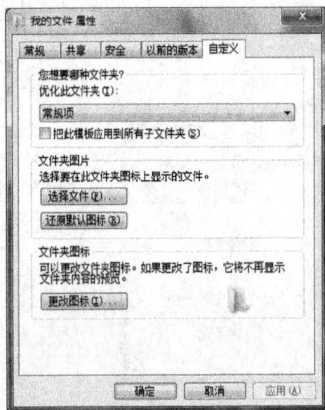

图 2-52　单击"更改图标"按钮

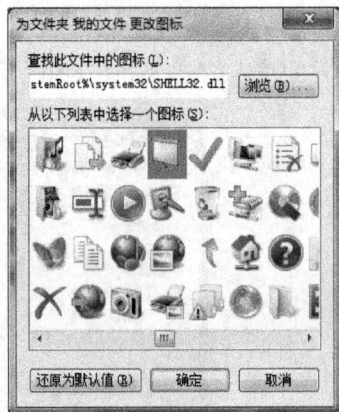

图 2-53　选择图标

(4) 返回"我的文件 属性"对话框，单击"确定"按钮，此时 E 盘窗口中的"我的文件"文件夹的图标已经改变，如图 2-54 所示，完成操作。

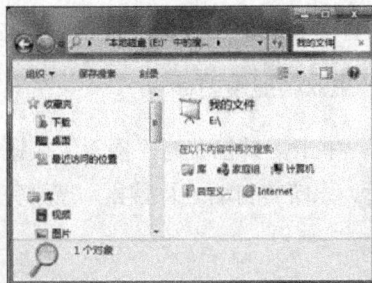

图 2-54　设置完成后的效果

3. 设置文件或文件夹属性

(1) 通过文件夹窗格打开 E 盘，右击"我的文件"文件夹，在弹出的快捷菜单中选择"属性"命令。

(2) 打开"我的文件 属性"对话框，选中"常规"选项卡中"只读"和"隐藏"复选框，单击"确定"按钮，如图 2-55 所示。

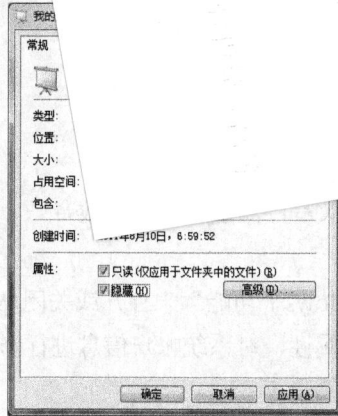

图 2-55　设置属性

(3) 打开"确认属性更改"对话框，选中"仅将更改应用于此文件夹"单选按钮，单击"确定"按钮，如图 2-56 所示。

(4) 返回 E 盘窗口，将不会显示该文件夹。

(5) 单击工具栏中的 组织 ▾ 按钮，在弹出的菜单中选择"文件夹和搜索选项"命令，打开"文件夹选项"对话框，切换至"查看"选项卡，在"高级设置"列表框中选中"显示隐藏的文件、文件夹和驱动器"单选按钮，单击"确定"按钮，如图 2-57 所示。

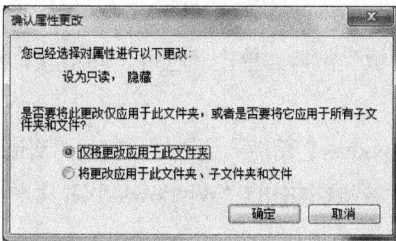

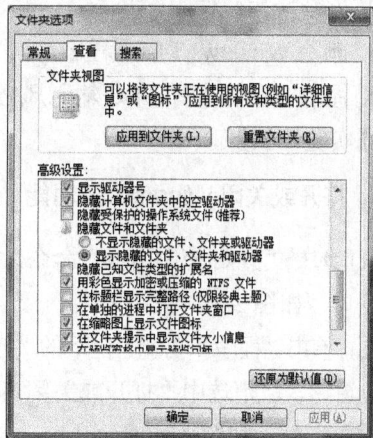

图 2-56　应用属性　　　　　　图 2-57　设置"文件夹选项"对话框

2.3　Windows 7 控制面板与附件

【实验目的】

1. 掌握打开或关闭 Windows 7 功能的方法。

2. 掌握添加/删除应用程序的方法。

3. 掌握键盘和鼠标的设置方法。

4. 掌握更新驱动程序的方法。

5. 掌握帐户的创建、删除等方法。

6. 学习如何使用画图软件进行简单的图像处理。

7. 学习如何使用附件中相关程序添加标签，播放音乐，浏览图片等方法。

【实验要求】

1. 使用"打开或关闭 Windows 7 功能"来打开或关闭 Windows 7 功能。

2. 利用控制面板查看系统属性，对系统帐户信息进行修改。

3. 修改鼠标、键盘的相关属性。

4. 更新非即插即用型硬件及其驱动程序。

5. 实现添加和删除应用程序及 Windows 组件。

6. 使用画图软件实现对绘制图形的操作。

7. 利用系统附件功能添加标签并完成多媒体文件的播放和图片的浏览。

2.3.1　软件的添加与管理

【实验内容】

1. 使用"打开或关闭 Windows 7 功能"来关闭"小工具"功能。

2. 安装应用软件。

3. 删除 Windows 7 应用程序。

4. 添加"微软拼音 ABC 输入风格"输入法，并将其设置为默认输入法。

【实验步骤】

1. 打开或关闭 Windows 7 功能

(1) 选择"开始|控制面板"命令，打开"控制面板"窗口，单击"程序"超链接，打"程序"窗口，如图 2-58 所示。

(2) 单击"程序和功能"栏下的"打开或关闭 Windows 7 功能"超链接，打开"Windows 7 功能"窗口，取消选中"打开或关闭 Windows 功能"列表框中的"Windows 小工具平台"选项前的复选框，如图 2-59 所示。

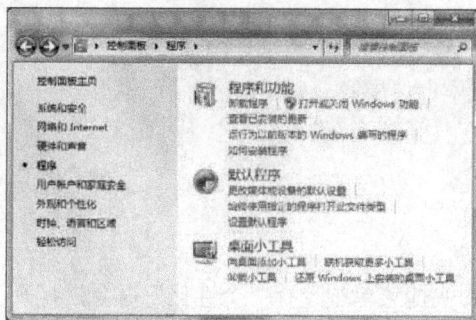

图 2-58 "程序"窗口

图 2-59 关闭"小工具"功能

2. 安装应用程序

安装常用应用软件的一般方法是：双击 setup.exe(或 install.exe)文件，然后按提示步骤依次执行，直到完成安装。

3. 删除程序

选择"开始|控制面板"命令，打开"控制面板"窗口，单击"卸载程序"超链接，打开"程序和功能窗口"，在列表框中选择要删除的程序，单击"卸载"按钮，或选择该程序，单击鼠标右键，在弹出的快捷菜单中选择"卸载"命令，按照系统提示删除程序。

4. 添加并设置输入法

(1) 在语言栏的"输入法"按钮 上单击鼠标右键，在弹出的快捷菜单中选择"设置"命令，打开"文本服务和输入语言"对话框，单击"添加"按钮。

(2) 打开"添加输入语言"对话框，如图 2-60 所示。通过拖动列表框的滑块选择"微软拼音 ABC 输入风格"选项。

(3) 返回"文本服务和输入语言"对话框，在"默认输入语言"下拉列表框中选择"微软拼音 ABC 输入风格"选项，将其设置为默认输入法，如图 2-61 所示，单击"确定"按钮完成设置。

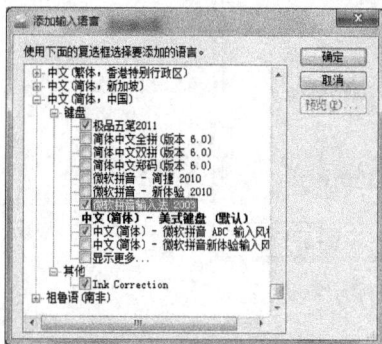

图 2-60 添加输入法

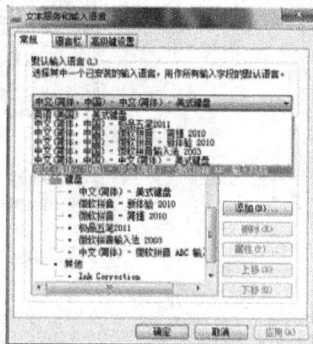

图 2-61 设置默认输入法

2.3.2　硬件的管理与使用

【实验内容】

1. 将鼠标设置为"启动单击锁定"，调整双击速度并改变鼠标指针方案。
2. 修改键盘的"字符重复"时间和"重复率"速度。
3. 更新非即插即用型硬件及其驱动程序。

【实验步骤】

1. 更改鼠标属性

(1) 在桌面空白处单击鼠标右键，在弹出的快捷菜单中选择"个性化"命令，打开"个性化"窗口，单击"更改鼠标指针"超链接，打开"鼠标 属性"对话框，如图 2-62 所示。

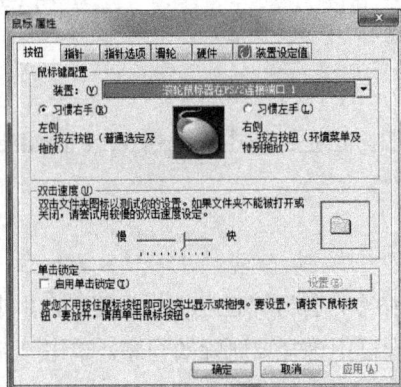

图 2-62　　"鼠标 属性"对话框

(2) 选择"按钮"选项卡，拖动"双击速度"选项组中"速度"滑块调整双击时间间隔，选中"单击锁定"选项组中的"启用单击锁定"复选框。

(3) 选择"指针"选项卡，从"方案"下拉列表中选择一个鼠标指针方案，如图 2-63 所示，单击"确定"或"应用"按钮，完成设置。

图 2-63　选择鼠标方案

2. 更改键盘属性

(1) 选择"开始"|"控制面板"命令，打开"控制面板"窗口。

(2) 选择该窗口右上角"查看方式"下拉列表框中的"小图标"选项，如图 2-64 所示，将该窗口切换至"小图标"视图模式，单击"键盘"超链接。

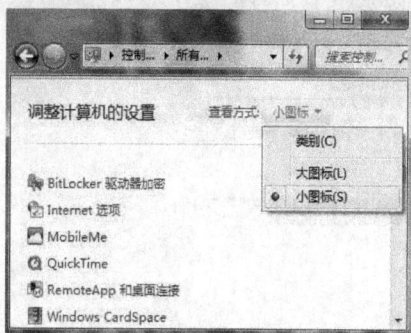

图 2-64 选择查看方式

(3) 打开"键盘 属性"对话框，选择"速度"选项卡，拖动"字符重复"选项组中的"重复延迟"滑块，改变键盘重复输入一个字符的延迟时间，如向左拖动，则增加延迟时间；拖动"重复速度"滑块改变重复输入字符的速度，如向左拖动该滑块使重复输入速度降低，如图 2-65 所示。

(4) 在"光标闪烁速度"选项组中拖动滑块，改变在文本编辑软件(如记事本)中文本插入点在编辑位置的闪烁速度，如向左拖动滑块设置为中等速度，单击"确定"按钮完成设置。

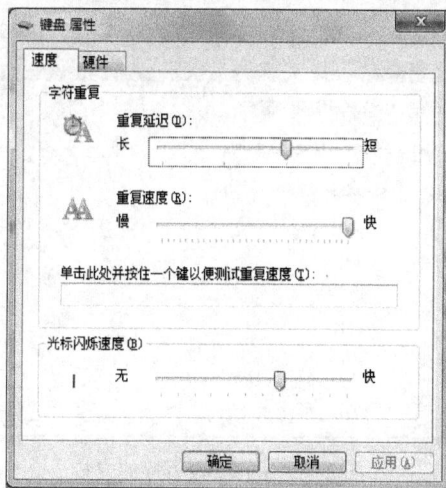

图 2-65 设置键盘属性

3. 更新驱动程序

(1) 将摄像头数据线接头插入电脑 USB 接口中，通知区域将提示该硬件不能正常使用。

(2) 在"计算机"图标上单击鼠标右键，在弹出的快捷菜单中选择"设备管理器"命令。打开"设备管理器"窗口，该窗口中将自动显示出"其他设备"目录选项中的"摄像头"选项，选择该摄像头选项，单击鼠标右键，在弹出的快捷菜单中选择"更新驱动程序软件"命令，打开"更新驱动程序软件"向导界面，如图 2-66 所示。选择"浏览计算机以查找驱动软件"选项。

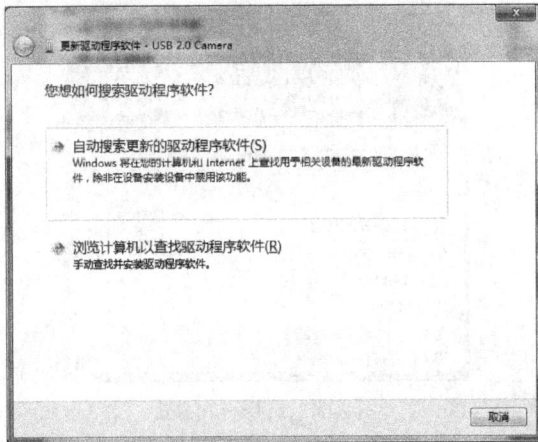

图 2-66　查找驱动程序

(3) 打开"浏览计算机上的驱动程序文件"界面，选中"包括子文件夹"复选框，单击"浏览"按钮，打开"浏览文件夹"对话框，选择驱动程序所在的文件夹，单击"确定"按钮，返回"浏览计算机上的驱动程序文件"界面，单击"下一步"按钮，系统开始安装摄像头的驱动程序，安装完成后，系统会在打开的对话框中提示已经成功安装该硬件的驱动程序，如图 2-67 所示，此时只需单击"关闭"按钮关闭该界面即可。

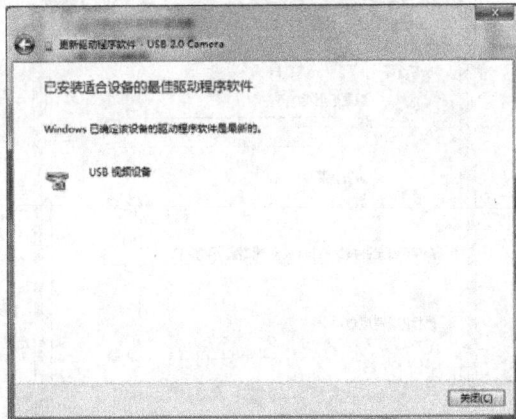

图 2-67　完成驱动程序的安装

(4) 返回到"设备管理器"窗口，可看见"其他设备"目录选项已经改变为"图像设备"目录选项，打开"图像设备"目录选项，其中"摄像头"选项前的图标也发生了改变，选择该摄像头选项，单击鼠标右键，在弹出的快捷菜单中选择"属性"命令。

(5) 打开该硬件设备的属性对话框，选择"常规"选项卡，在"设备状态"列表框中将显示该设备运转正常，如图 2-68 所示。

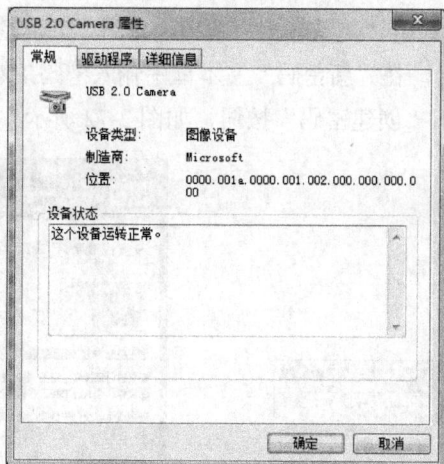

图 2-68 硬件正常运行

2.3.3 帐户管理

【实验内容】

1. 创建一个名为"考拉"的帐户，并对其进行创建密码、更改头像等操作。

2. 启用"考拉"帐户的家长控制，并设置该帐户的使用时间为 9:00-19:00。

3．将名为"考拉"的帐户删除，并保存该帐户下的文件。

【实验步骤】

1. 创建并设置标准帐户

(1) 选择"开始"|"控制面板"命令，打开"控制面板"窗口，单击"添加或删除用户帐户"超链接。

(2) 打开"管理帐户"窗口，单击窗口中的"创建一个新帐户"超链接。

(3) 打开"创建新帐户"窗口，在"新帐户名"文本框中输入"考拉"文本内容，其他选项保持默认设置不变，如图 2-69 所示，单击"创建帐户"按钮。

(4) 返回"管理帐户"窗口，新创建的"考拉"帐户将显示在该窗口中，如图 2-70 所示。

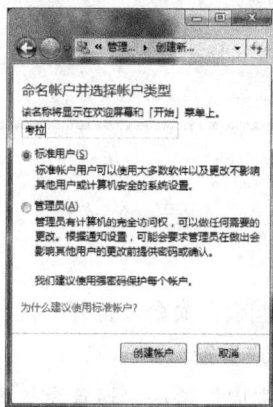

图 2-69 输入帐户名称

图 2-70 显示"考拉"帐户

(5) 单击该帐户选项，打开"更改帐户"窗口，单击"创建密码"超链接，如图 2-71 所示。打开"创建密码"窗口，在"新密码"文本框中输入密码，然后在"确认新密码"文本框中输入相同的密码，单击"创建密码"按钮，如图 2-72 所示。

图 2-71　"更改帐户"窗口　　　　　　　　图 2-72　设置密码

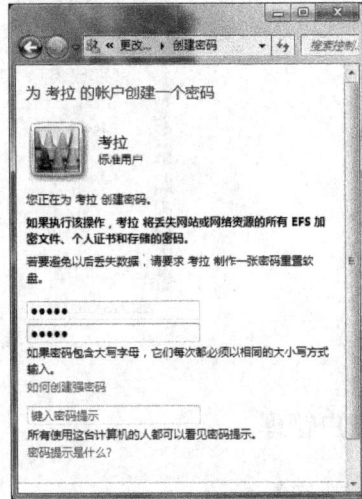

(6) 返回"更改帐户"窗口，"考拉" 帐户显示为密码保护，单击"更改图标"超链接，打开"选择图片"窗口，在窗口中选择图片，这里选择"小狗"图片选项，如图 2-73 所示，单击"更改图片"按钮，返回"更改帐户"窗口，该帐户显示为标准帐户，受密码保护，并且显示名称为"考拉"，如图 2-74 所示，最后关闭窗口，完成所有操作。

图 2-73　帐户图片选择　　　　　　　　图 2-74　"更改账户"窗口

2. 设置家长控制

(1) 使用管理员帐户登录系统，选择"开始|控制面板"命令，打开"控制面板"窗口，单击"添加或删除用户帐户"超链接，打开"管理帐户"窗口。

(2) 单击"考拉"帐户选项，打开"更改帐户"窗口，单击"设置家长控制"超链接，打开"家长控制"窗口，单击"考拉"帐户选项，打开该帐户的"用户控制"窗口，选中"启用，应用当前设置"单选按钮，该窗口将显示设置家长控制内容选项为有效，如图 2-75 所示。

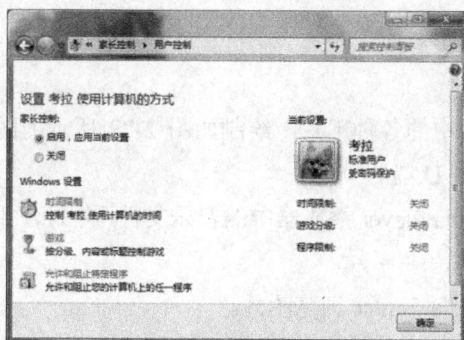

图 2-75　启用该帐户的家长控制

(3) 单击"时间限制"超链接，打开"时间限制"窗口，通过拖动鼠标，允许该帐户使用电脑的时间为星期六的 9:00-19:00，如图 2-76 所示，单击"确定"按钮。

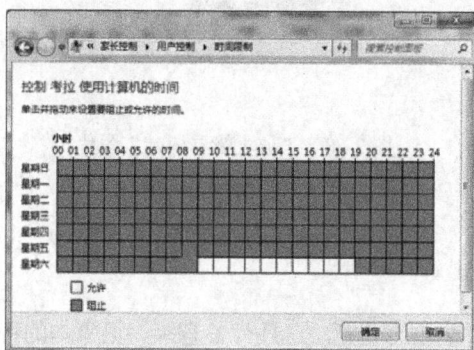

图 2-76　设置允许时间

3. 删除帐户并保留文件

(1) 使用管理员帐户登录系统，选择"开始"|"控制面板"命令，打开"控制面板"窗口，单击"添加或删除用户帐户"超链接，打开"管理帐户"窗口。

(2) 单击"考拉"帐户选项，打开"更改帐户"窗口，单击"删除帐户"超链接，在弹出的窗口中单击"保留文件"按钮，则将名为"考拉"的帐户删除，并保存该帐户下的文件，如图 2-77 所示。

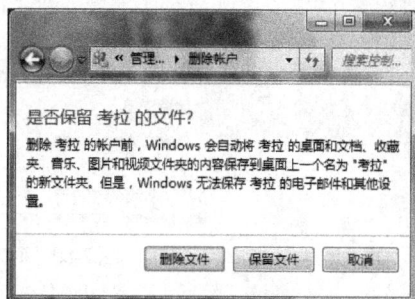

图 2-77　保留文件

2.3.4　实用附件与多媒体娱乐

【实验内容】

1. 添加便签。

2. 使用"画图"程序中的各种工具，绘制如图 2-78 所示的图片，并命名为"放大镜看树叶"，以 gif 格式保存到 D 盘。

3. 合并 Windows Media Player 播放器中的音乐文件，并为合并后的音乐唱片添加个性化的唱片封面。

4. 使用 Windows Media Center 浏览图片。

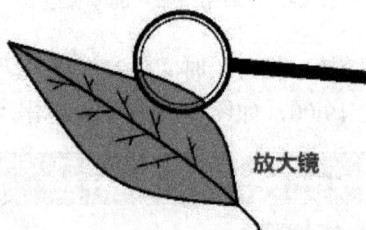

图 2-78　"放大镜看树叶"图片

【实验步骤】

1．添加便签

便签是 Windows 7 新添加的功能，它具有备忘录、记事本的特点。它的最大优点是以电脑屏幕为媒介，不需要使用任何纸张。

启动"便签"的主要方式是选择"开始"|"所有程序|附件|便签"命令。打开"便签"程序后就能在电脑屏幕中看到如图 2-79 所示的操作界面。

单击"便签"中间的空白区域即可在该区域输入文字。在便签中不仅可以输入汉字、英文和标点符号，还可以输入 Windows 7 自带的特殊字符，输入方法与写字板完全相同。便签上方有两个按钮，其作用分别如下。

- ＋按钮：单击该按钮，系统会立刻在现有便签的左边新建一个新的便签。
- 按钮：单击该按钮，弹出询问对话框，确定是否要删除便签，如图 2-80 所示。

图 2-79　便签的操作界面

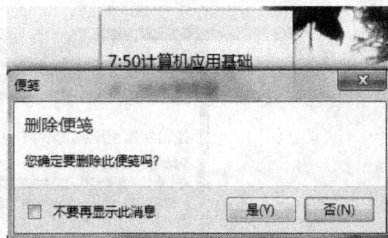

图 2-80　确定删除便签

2. 使用"画图"程序绘制图形

(1) 选择"开始"|"所有程序"|"附件"|"画图"命令，打开"画图"程序窗口。

(2) 单击"形状"栏中的⌒按钮，在"粗细"下拉列表中选择第三项。移动鼠标光标到绘图区相应位置，按住鼠标左键不放，绘制出树叶的主叶脉，释放鼠标左键，再调整成弯曲状，如图 2-81 所示，依照相同的方法绘制出树叶的大致形状，如图 2-82 所示。

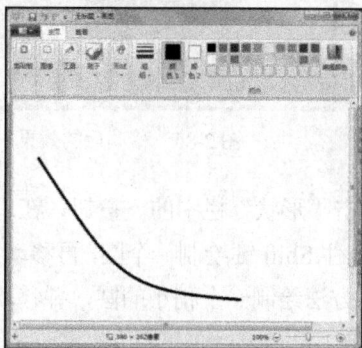
图 2-81　绘制主叶脉

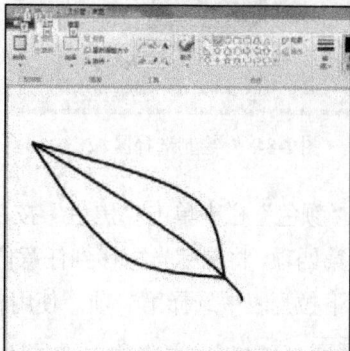
图 2-82　绘制树叶形状

(3) 单击"形状"栏中的＼按钮，在"粗细"下拉列表中选择第二项。移动鼠标光标到绘图区相应位置，绘制出细小的分支叶脉。在"颜色"栏单击"绿色"按钮，单击"工具"栏中的按钮。将鼠标光标移动到树叶中心位置，单击鼠标左键，填充树叶颜色为绿色，如图 2-83 所示。

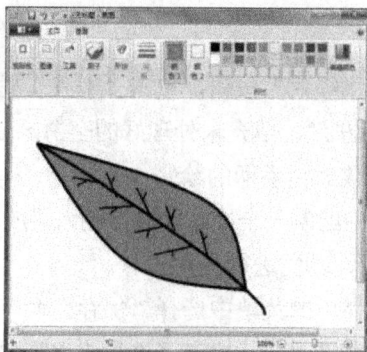
图 2-83　填充树叶颜色

(4) 在"图像"栏的"选择"下拉列表中选择"自由图像"选项。在树叶相应位置画出一个圆形，如图 2-84 所示。释放鼠标左键后，圆形将变成一个矩形虚线框。将鼠标光标放在矩形框右上角，当鼠标光标变成↗形状时，按住鼠标左键不放向右上角拖动，如图 2-85 所示。拖动到相应位置后，释放鼠标左键。

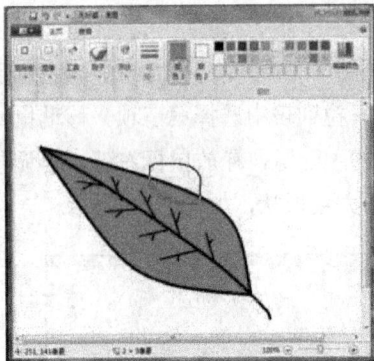

图 2-84　绘制选择区域

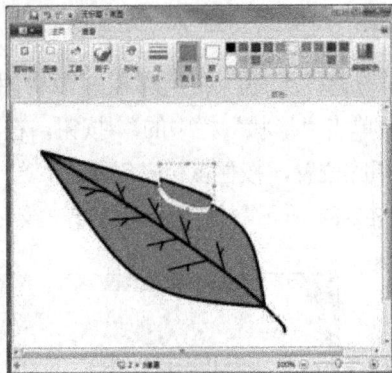

图 2-85　移动后的效果

(5) 在"颜色"栏中单击"黑色"按钮，单击"形状"栏中的 ○ 按钮，在"粗细"下拉列表中选择第四项，将鼠标光标移到任意位置，按住 Shift 键绘制一个圆，再移动到相应位置。在"粗细"下拉列表中选择第二项，使用相同的方法绘制一个稍小的圆，并移动到大圆内，如图 2-86 所示。

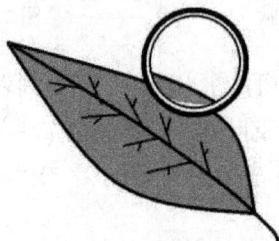

图 2-86　绘制另一个圆

(6) 在"颜色"栏中单击"绿色"按钮，单击"工具"栏中的 按钮。将鼠标光标移动到圆与叶片交接处，单击鼠标左键，填充未处理好的空白区域。

(7) 利用同样的方式完成放大镜手柄的绘制。

(8) 单击 A 按钮，在图形中绘制一个文本区域并输入"放大镜"文本。在出现的"字体"工具栏中对文本的字体、字号、颜色进行设置。

(9) 单击 按钮，在弹出的菜单中选择"保存"命令，打开"另存为"对话框。在对话框的左列表中选择"计算机"选项，在其子选项中选择 D：/，在"文件名"文本框中输入"放大镜看树叶"文本内容，在"保存类型"下拉列表中选择 gif 选项，单击"保存"按钮。

3. 合并音乐文件，添加唱片封面

(1) 选择"开始" | "所有程序" |Windows Media Player 命令，启动 Windows Media Player 播放器。

(2) 单击导航窗格中的"音乐"按钮，打开"所有音乐"窗口，如图 2-87 所示。

图 2-87 "所有音乐窗口"

(3) 拖动窗口右侧的滑块，选择需要合并的音乐唱片，拖动到另一张唱片，当出现"与合并"字样时释放鼠标，再在打开的"确认"对话框中单击"是"按钮。

(4) 打开图片文件夹，选择作为唱片封面的图片文件，然后按 Ctrl+C 键复制该图片。

(5) 返回"所有音乐"窗口，将鼠标光标移到合并后的音乐唱片封面上，单击鼠标右键，在弹出的快捷菜单中选择"粘贴唱片集画面"命令。粘贴的图片将作为合并后的音乐唱片的封面。

4. 使用 Windows Media Center 浏览图片

启动 Windows Media Center，然后选择"图片库"选项，如图 2-88 所示，打开"图片库"界面，选择要浏览的图片，再播放这些图片，如图 2-89 所示。

图 2-88 选择"图片库"选项

图 2-89 播放浏览图片

实验三　Word 2010 操作

3.1　文字录入与编辑

【实验目的】

1. 掌握 Word 2010 的启动方式，熟悉 Word 2010 的工作界面。
2. 掌握 Word 2010 的基本编辑操作。
3. 掌握查找和替换功能。
4. 掌握字体和段落的基本排版操作。
5. 掌握各种高级排版操作。

【实验要求】

1. 掌握启动 Word 2010 的方式，完成文档的输入。
2. 完成查找和替换、保存、打开、合并、退出等基本操作。
3. 实现对文档的基本排版操作，如设置字体、字号、对齐方式和段落排版。
4. 完成对文档的高级排版，如项目符号和编号、边框、底纹、分栏、首字下沉等操作。
5. 完成对文档的公式编辑操作。

3.1.1　文本的输入与编辑

【实验内容】

1. 启动 Word 2010，新建一个空白文档。
2. 在文档中录入【样文 3-1】，以"练习 3-1.docx"为名保存在桌面上。
3. 将"练习 3-1.docx"文档中所有的"信息学科"替换为"信息科学"。
4. 将替换完毕的文档以"替换后"为名保存在桌面上。

【样文 3-1】

　　信息学科是一门新兴的跨多学科的科学，它以信息为主要研究对象。信息学科的研究内容包括：阐明信息的概念和本质；探讨信息的度量和变换；研究信息的提取方法；澄清信息的传递规律；探明信息的处理机制；探究信息的再生理论；阐明信息的调节原则；完善信息的组织理论。

　　信息技术包括「通信技术」、「计算机技术」、「多媒体技术」、「自动控制口技术」、「视频技术」、「遥感技术」等。「通信技术」是现代信息技术的一个重要组成部分，通信技术的数字化、宽带化、高速化和智能化是现代通信技术的发展趋势。「计算机技术」是信息技术的另一个重要组成部分。现代信息技术一刻也离不开计算机技术。

【实验步骤】

1. 启动 Word 2010

(1) 选择"开始"|"所有程序"|Microsoft office|Microsoft office Word 2010 命令，启动 Word 2010。

(2) 单击 Office 应用程序窗口左上角的"文件"按钮，在弹出的"文件"面板中选择"新建"命令。

(3) 展开"新建"面板，在此选择新建一个空白文档，如图 3-1 所示。

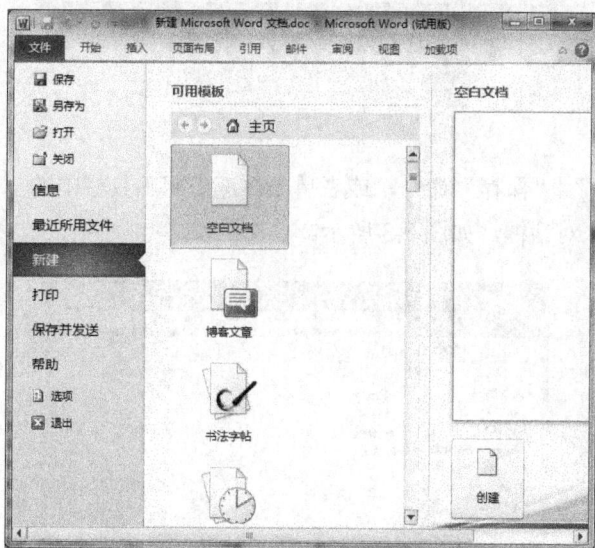

图 3-1　新建空白文档

2. 输入样文 3-1

新建或打开文档后，在文档开始处闪烁的符号|，叫做插入符(或输入符)。要输入文档，首先要将插入符移动到相应位置后，再进行输入或编辑。

(1) 普通文本的录入：通过选择合适的输入法，按照原文进行输入。

(2) 特殊符号的录入：

① 单击功能区中的"插入"|"符号|符号"按钮，在弹出的菜单中选择"其他符号"命令，打开"符号"对话框。

② 选择"符号"选项卡，在"字体"下拉列表中，选择 Wingdings，从显示的符号中单击✿，然后单击"插入"按钮，即可完成特殊符号的录入，如图 3-2 所示。

③ 选择"插入"|"特殊符号"命令，在弹出的"特殊符号"对话框中，选择"标点符号"选项卡，从显示的符号中单击「，再单击"确定"按钮，即可完成特殊符号的录入。

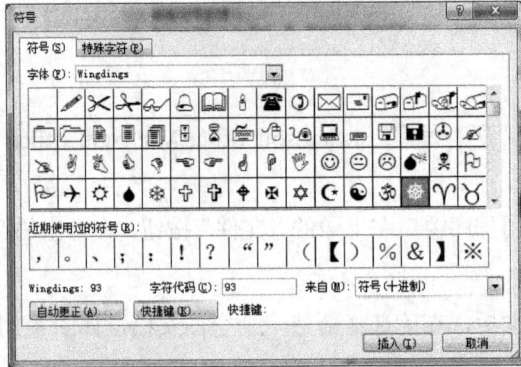

图 3-2   "符号"对话框

3. 保存文档

(1) 选择"文件"|"保存"命令，或者单击快速访问工具栏中的"保存"按钮 。屏幕上会出现"另存为"对话框，如图 3-3 所示。

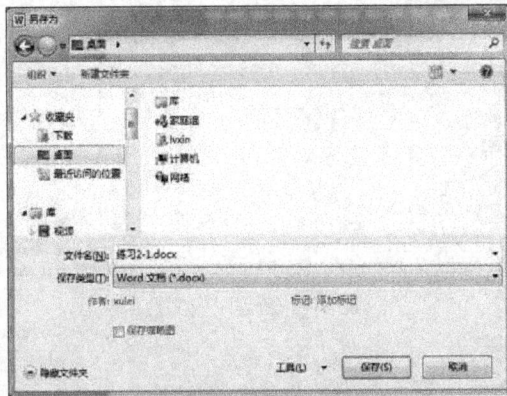

图 3-3   "另存为"对话框

(2) 确定文件的保存位置，并在"文件名"文本框中输入要保存的文件名称。单击"保存类型"下拉按钮，选择所要保存的文件类型，然后单击"保存"按钮，完成保存操作。

4. 打开文档

选择"文件"|"打开"命令，屏幕上弹出"打开"对话框，选择文件所在目录，单击目标文件，选中该文件，单击"打开"按钮，完成打开文件的操作。

5. 查找和替换

(1) 将光标定位在 练习 3-1.docx 文档的起始位置，单击功能区中的"高级查找"按钮，在弹出的"查找和替换"对话框中选择"替换"选项卡，在"查找内容"中输入"信息学科"，并在"替换为"中输入"信息科学"，如图 3-4 所示。

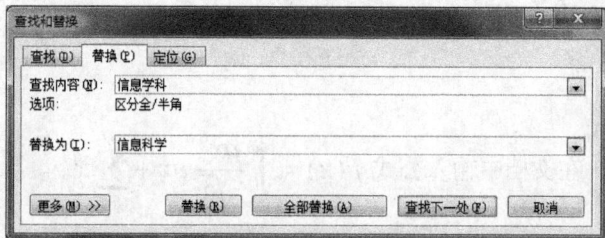

图 3-4　"查找和替换"对话框

(2) 单击"全部替换"按钮,屏幕显示提示信息"Word 已完成文档的搜索并已完成 2 处替换",如图 3-5 所示。

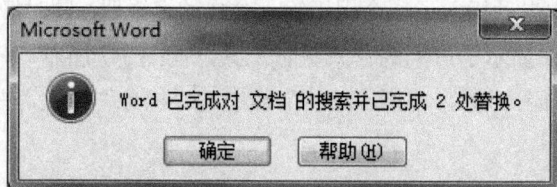

图 3-5　替换完毕信息提示框

(3) 在"查找和替换"窗口中,单击"更多"按钮,可在其级联菜单中选择设置替换项目,例如对替换的文本进行字体、字号、颜色等属性的高级替换设置,如图 3-6 所示。

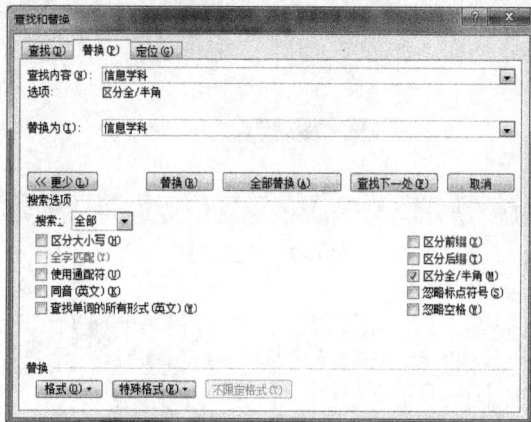

图 3-6　"更多"按钮格式设置

6. 保存并退出

(1) 选择"文件"|"另存为"命令,在弹出的"另存为"对话框中选择盘符,并输入文件名"信息学科",注意在"保存类型"下拉列表框选择"Word 文档(*.docx)",最后单击"保存"按钮,新文档"信息学科"被存盘。

(2) 选择"文件"|"退出"命令或单击标题栏右侧的关闭按钮,可结束文档的编辑。

3.1.2　公式的输入与编辑

【实验内容】

新建空白文档，在文档中输入公式 $f(x) = \int_0^\infty \dfrac{ax^6}{\sqrt{3}} dx + \sum_{i=1}^n x^n$ 。

【实验步骤】

(1) 选择"文件"|"新建|创建"命令，新建一篇空白文档。

(2) 将插入点定位到要输入公式的位置，单击功能区中的"插入"|"符号"|"公式"按钮，在弹出的菜单中选择"插入新公式"命令。

(3) 此时在文档中自动插入了一个用于输入公式的编辑器，同时激活功能区中的"设计"选项卡，在该选项卡中显示了可用的公式编辑工具，如图 3-7 所示。

(4) 这里需要先输入 f(x)=，单击"结构"组中的"积分"按钮，并从打开的列表中选择如图 3-8 所示的积分。

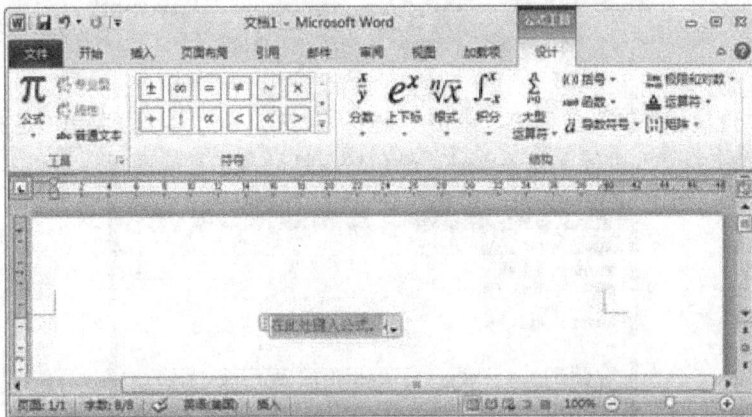

图 3-7　公式工具

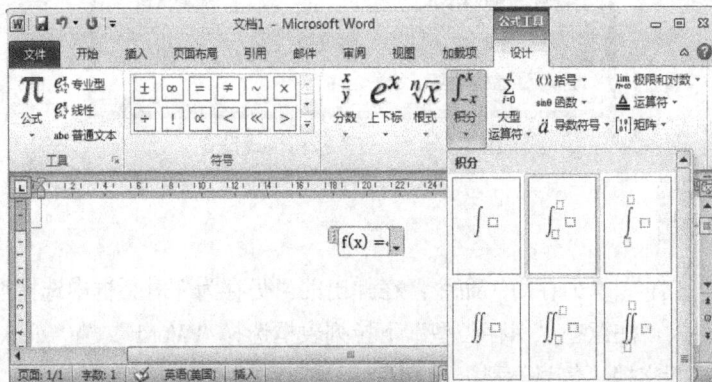

图 3-8　选择积分

(5) 此时将在公式编辑框中插入一个积分符号，然后按左右方向键，移动光标插入位置，如图 3-9 所示。

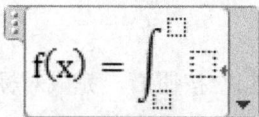

图 3-9　移动光标

(6) 在公式编辑窗口输入字符，直到公式输入完毕，最后单击空白处，退出公式编辑状态。

3.1.3　格式的设置与编排

【实验内容】

打开文档"练习 3-1"，完成如下操作。

(1) 添加一行标题"信息科学技术"。复制第一段文字作为本文的第三段。

(2) 设置字体、字号：将标题设置为黑体二号字，正文第一、三段设为华文楷体，五号字，第二段设为宋体小四号字。

(3) 设置字形：标题加粗；正文第一段加着重号；正文第二段的第一个"信息技术"加深红色双下划线，并用格式刷将这种格式复制到本段段尾"计算机技术"处。

(4) 设置特效及对齐方式：标题居中；任意设置一种文本渐变颜色；设置阴影为"外部向上偏移"、发光为"紫色，18pt 发光，强调文字颜色 4"，映像为"全映像，8pt 偏移量"。

(5) 设置段落格式和行间距：全文左缩进 2 个字符，右缩进 1 个字符。首行缩进 2 个字符，全文单倍行距，两端对齐。

(6) 复制第二段内容至文件的最后，并将新复制的这段内容添加双线边框(上粗下细)，线条宽度为 2.25 磅，线条颜色为"深蓝，文字 2"，应用范围为"段落"，并为该段添加底纹为"蓝色，强调文字颜色 1，淡色 60%"。

(7) 设置分栏：将第三段分成两栏，要求宽度为 19 个字符，中间有分栏线。

(8) 使用项目符号和编号：选定第二段，添加项目符号，项目符号选用☺。

(9) 设置首字下沉：对第一段文字进行首字下沉设置。

操作结果如图 3-17 所示。

【实验步骤】

1. 添加标题

(1) 将光标调到文章开头，按下 Enter 键使文章下移一行。将光标置于第一行并输入"信息科学技术"作为文章标题。

(2) 选中第一段内容，选择"复制"命令，利用 Ctrl+End 组合键将插入符移到文档的末尾，并选择"粘贴"命令，将第一段内容复制粘贴至文章的最后。

2. 设置字体字号

选中文章标题，在"字体"组中选择"字体"下拉列表框中的"黑体"，在"字号"下拉列表中选择"二号"。用同样的方法设置正文第一、二、三段的字体与字号。

3. 设置字形

(1) 选中文章标题，单击"加粗"按钮**B**，完成对标题的加粗设置。

(2) 选中正文第一段并右击，在弹出的快捷菜单中选择"字体"命令，在弹出的"字体"对话框中选择"字体"选项卡，并单击"着重号"的下拉菜单选择着重符号。

(3) 选中正文第二段的第一个"信息技术"，单击"下划线"按钮，这时所选文字下方便会出现单线条的下划线，如果想要变换线条与颜色则需要单击"下划线"按钮旁边的"倒三角" U ，在弹出的下拉菜单中选择不同的线形及颜色进行设置。

(4) 选中设置好的文字，选择"开始"|"剪切板"|"格式刷" 格式刷，选中本段段尾"计算机技术"，操作完毕后再次单击格式刷按钮，即可完成操作要求。

提示 将鼠标指针移到文本选定区：

● 单击可选择一行；

● 双击可选择一段；

● 三击可选择全文。

4. 设置对齐方式

(1) 选中标题，单击"居中"按钮。

(2) 选中标题，右击选区并在弹出的快捷菜单中选择"字体"命令，在弹出的"字体"对话框中选择"字体"选项卡。单击"文字效果"按钮，在"设置文本效果格式"对话框中设置选中文本的字体效果，如图3-10所示。

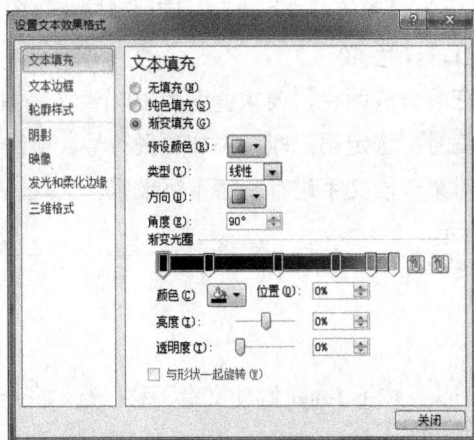

图3-10 "设置文本效果格式"对话框

(3) 单击"文本效果"按钮，按要求选择阴影、发光、映像方式，完成设置。

5. 设置段落格式和行间距

选中全文，右击选区并在弹出的快捷菜单中选择"段落"命令，在弹出的"段落"对话框中选择"缩进和间距"选项卡，在"缩进"处选择左缩进2个字符，右缩进1个字符；在"特殊格式"窗口选择首行缩进2个字符；在"行距"处选择"单倍行距"；在"对齐方式"

处选择"两端对齐",单击"确定"按钮完成设置。

6. 设置边框和底纹

(1) 选中第二段内容,选择"复制"命令,利用 Ctrl+End 组合键将插入符移到文档的末尾,并选择"粘贴"命令,将第二段内容粘贴至文章的最后。

(2) 选中文章最后一段,选择"下划线"命令,单击该按钮右侧的下拉按钮,在打开的列表中选择"边框和底纹"命令,打开"边框和底纹"对话框。选择"边框"选项卡,在"设置"中选择"方框",在"样式"中选择上粗下细"双线型",在"颜色"的下拉列表中选择"深蓝,文字 2,淡色 40%",在"宽度"的下拉列表中选择"2.25 磅",并且将此设置应用于"段落",如图 3-11 所示。

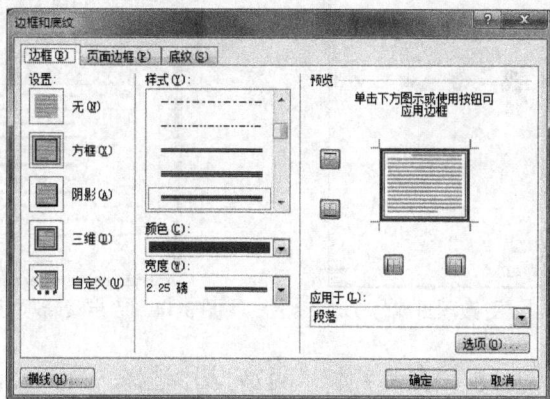

图 3-11 "边框和底纹"对话框

(3) 段落边框设置完毕之后,选择"底纹"选项卡,在"填充"中选择"蓝色,强调文字颜色 1,淡色 60%"并应用于"段落",设置完毕后单击"确定"按钮,完成操作。

7. 设置分栏

(1) 选中第三段内容,选择"页面布局"|"页面设置"|"分栏"命令,在打开的列表中选择"更多分栏",打开"分栏"对话框,如图 3-12 所示。

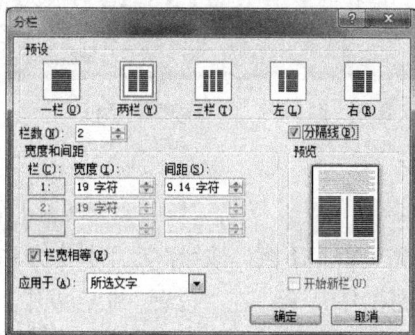

图 3-12 "分栏"对话框

(2) 在"预设"中选择"两栏","栏数"中选择"2";在"宽度和间距"中,选择"宽度"为"19 个字符",并选中右侧"分割线"的复选框,添加分割线。单击"确定"按钮,完成操作。

8. 设置项目符号和编号

(1) 将光标调整到第二段,选择"开始"|"段落|项目符号"命令,为选中内容设置默认格式的自动编号。

(2) 右击设置了自动编号的段落,在弹出的快捷菜单中选择"项目符号"|"定义新项目符号"命令,如图 3-13 所示。

(3) 在打开的"定义新项目符号"对话框中单击"符号"按钮,如图 3-14 所示。

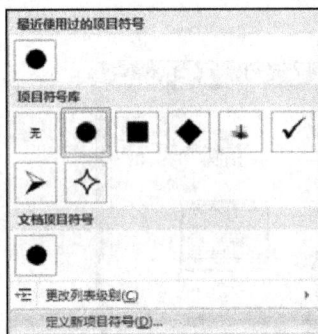

图 3-13 更改项目编号

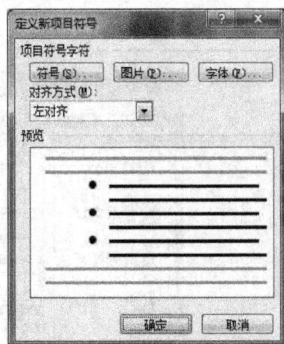

图 3-14 "定义新项目符号"对话框

(4) 打开"符号"对话框,在"字体"下拉列表中选择 Windings,然后单击☺符号,如图 3-15 所示,再单击"确定"按钮,完成操作。

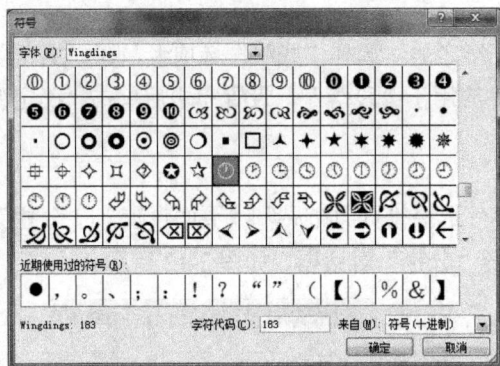

图 3-15 "符号"对话框

9. 设置首字下沉

将光标调到第一段,单击"首字下沉"按钮,在下拉菜单中选择"首字下沉"选项,弹出"首字下沉"对话框,如图 3-16 所示。在"位置"组合框中,选择"下沉"方式,"下沉行数"设置为 2,如有需要还可对下沉字体进行设置。设置完毕后,单击"确定"按钮,至此形成的文档如图 3-17 所示。

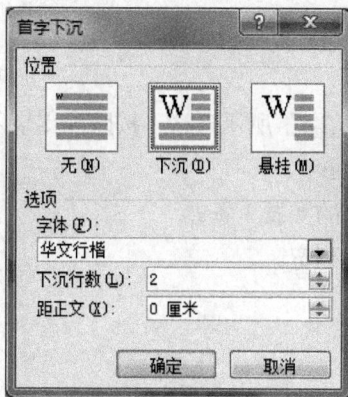

图 3-16 "首字下沉"对话框

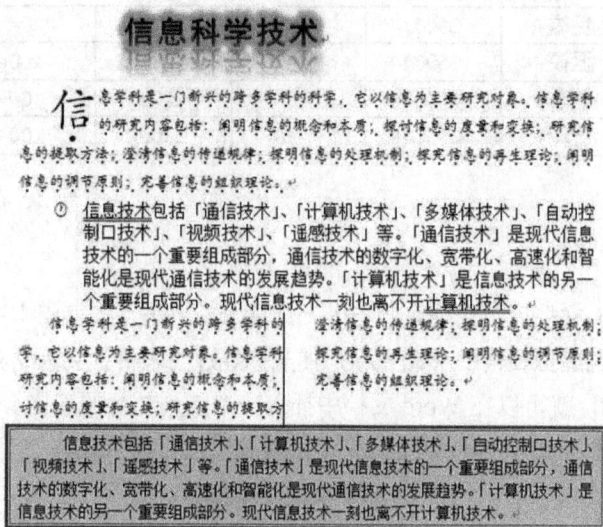

图 3-17 操作结果示意图

3.2 表格的编辑与排版

【实验目的】

1. 掌握表格的创建、输入和编辑方法。

2. 掌握表格的格式化操作。

【实验要求】

1. 完成表格的基本操作，如创建表格，单元格的合并和拆分，改变行高和列宽及插入公式等操作。

2. 对表格进行简单的排版，如使用样式、改变边框和对齐方式等。

3.2.1 表格的编辑

【实验内容】

1. 创建表格：制作【样表 3-1】所示表格，按照样文录入文字。
2. 完成单元格的拆分与合并。
3. 利用公式求出每位员工的实发工资。
4. 适当调整表格的行高和列宽。

【样表 3-1】

工资表

部门	姓名	工号	基本工资	奖金	社保	实发工资
生产部	艾薇	GS001	800	800	100	1500
	乔洛	GS002	800	800	100	1500
	铭曦	GS003	800	700	0	1500
销售部	蓝凌	GS004	750	1000	100	1650
	夏季	GS005	750	1200	0	1950
	芷诺	GS006	750	1300	100	1950

【实验步骤】

1. 创建表格

(1) 打开 Word 文档后，切换到"插入"选项卡，单击"表格组"中的"表格"按钮，展开下拉列表后，在虚拟表格中移动光标，使光标经过的表格行列为 7 列 7 行，然后单击鼠标，如图 3-18 所示，就可以在 Word 文档中插入一个 7 列 7 行的表格。

(2) 如果需要插入 10 列 8 行以上的表格，就要通过"插入表格"对话框来完成操作。

图 3-18 插入表格

2. 在表格中输入内容

(1) 将光标定位在第一个单元格中，按下 Enter 键，这样就可以在创建的表格上方插入一行空行，用于输入标题。

(2) 在各单元格中分别输入需要的内容。

3. 合并或拆分单元格

(1) 选中第一列中第 2 至第 4 个单元格，在"表格工具"的"布局"上下文选项卡下单击"合并"组中的"合并单元格"按钮，如图 3-19 所示。

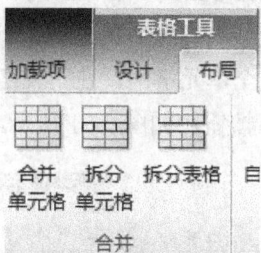

图 3-19 合并单元格

(2) 对其他需要合并的单元格执行同样的操作。

4. 设置计算公式

(1) 将光标定位在要执行运算操作的单元格内，单击"数据"组中的"公式"按钮，弹出"公式"对话框，程序已在"公式"文本框中预设了求和公式，由于工资表中的社保是扣除项目，所以在公式中输入-200，然后单击"确定"按钮，如图 3-20 所示。

(2) 将光标定位在要计算未扣除社保的工资的单元格内，打开"公式"对话框，直接单击"确定"按钮，按照同样的方法，对其余单元格进行相应的运算。

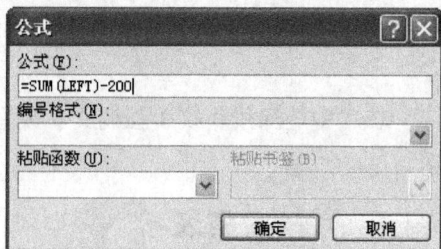

图 3-20 "公式"对话框

5. 调整表格的行高和列宽

(1) 将鼠标指向表格的右下角，当鼠标的指针变为 ↖ 时，按下鼠标左键并拖动，即可调整表格的行高与列宽。或将光标放在某一行下表线上，直接向下拖动鼠标至适当位置，也可调整该行高度。

(2) 通过单击"布局"选项卡"单元格大小"组中的"行高"与"列宽"按钮，可设置某行或某列单元格的高度与宽度。

3.2.2 表格的排版

【实验内容】

1. 设置表格内文字为居中对齐，文字方向参考样表。
2. 将表格样式设置为"中等深浅底纹 3-强调文字颜色 4"。

【实验步骤】

1. 设置单元格内文本对齐方式及文字方向

(1) 选中整个表格，切换到"表格工具"的"布局"上下文选项卡，单击"对齐方式"组中的"居中对齐"按钮，即可完成对齐方式的设置。

(2) 将光标定位在第 1 列第 2 个单元格中，在"表格工具"的"布局"选项卡下，单击"对齐方式"组中的"文字方向"按钮，如图 3-21 所示。

图 3-21　"文字方向"设置　　　　图 3-22　设置表格样式

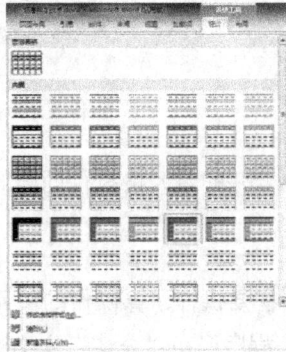

2. 选择要使用的表格样式

(1) 返回文档中，选中整个表格后，切换到"表格工具"的"设计"选项卡，单击"表格样式"快捷按钮。

(2) 展开表格样式库后，单击"中等深浅底纹 3-强调文字颜色 4"图标，如图 3-22 所示。设置完成效果如图 3-23 所示。

工资表

部门	姓名	工号	基本工资	奖金	社保	实发工资
生产部	艾薇	GS001	800	800	100	1500
	乔洛	GS002	800	800	100	1500
	铭曦	GS003	800	700	0	1500
销售部	蓝凌	GS004	750	1000	100	1650
	夏季	GS005	750	1200	0	1950
	芷诺	GS006	750	1300	100	1950

图 3-23　设置完样式后的样表效果

(3) 若想修改表格的边框与背景设置，也可选中要设置的单元格或表格，单击鼠标右键，在弹出的菜单中选择"边框和底纹"命令，在弹出的"边框和底纹"对话框中对边框跟底纹进一步设置，如图 3-24 所示。

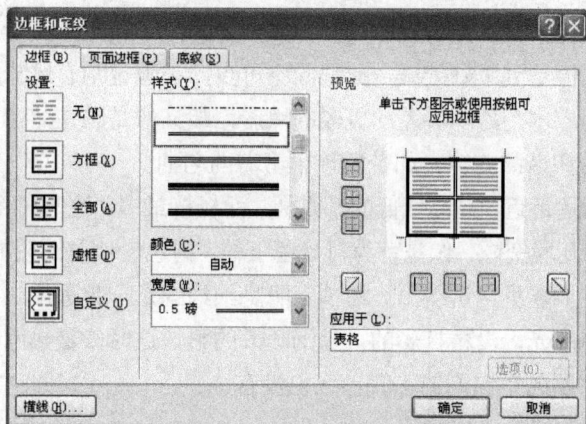

图 3-24　"边框和底纹"对话框

3.3　文档的版面设置与编排

【实验目的】

1. 掌握图片、艺术字、SmartArt 图形的插入及设置方法。

2. 掌握文档页面格式的设置方法。

3. 熟悉自选图形的绘制方法。

4. 掌握自选图形的格式设置方法及常用操作方法。

【实验要求】

1. 实现图片和艺术字的插入及格式的设置。

2. 对文档进行页面格式、页眉页脚、脚注和尾注的设置。

3. 完成自选图形的绘制与设置。

4. 完成 SmartArt 图形的使用与设置。

3.3.1　插入艺术字和图片

【实验内容】

1. 新建文档，录入【样文 3-2】。

2. 插入艺术字：将文章标题设置为艺术字，艺术字样式为"渐变填充-黑色，轮廓-白色"；形状效果为"柔化边缘"；文本效果为"转换"|"倒 V 形"。

3. 插入图片：在样文中插入剪贴画或自选图片，将图片颜色设置为"冲蚀并衬于文字下方"。

4. 利用屏幕截图将桌面计算机图标放置文本最后。

【样文 3-2】

荷 塘 月 色

月光如流水一般，静静地泻在这一片叶子和花上。薄薄的青雾浮起在荷塘里。叶子和花仿佛在牛乳中洗过一样；又像笼着轻纱的梦。虽然是满月，天上却有一层淡淡的云，所以不能朗照；但我以为这恰是到了好处——酣眠固不可少，小睡也别有风味的。月光是隔了树照过来的，高处丛生的灌木，落下参差的斑驳的黑影，却又像是画在荷叶上。塘中的月色并不均匀，但光与影有着和谐的旋律，如梵婀玲上奏着的名曲。

荷塘的四面，远远近近，高高低低的都是树，而杨柳最多。这些树将一片荷塘重重围住；只在小路一旁，漏着几段空隙，像是特为月光留下的。树色一例是阴阴的，乍看像一团烟雾；但杨柳的丰姿，便在烟雾里也辨得出。树梢上隐隐约约的是一带远山，只有些大意罢了。树缝里也漏着一两点路灯光，没精打彩的，是渴睡人的眼。这时候最热闹的，要数树上的蝉声与水里的蛙声；但热闹的是它们的，我什么也没有。

——摘自《朱自清作品集》

【实验步骤】

输入【样文 3-2】

启动 Word2010，新建一个空白文档，将插入符移动到相应位置后，按照【样文 3-2】进行输入或编辑。

1. 插入艺术字

(1) 选中文章标题，切换到"插入"选项卡，在"文本"组中单击"艺术字"按钮，在弹出的列表中选择一种艺术字样式，如图 3-25 所示。

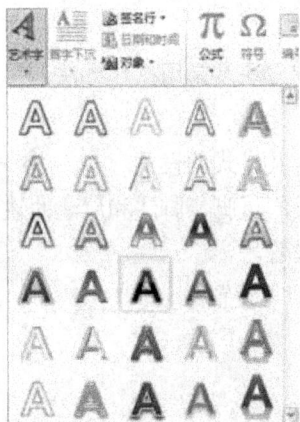

图 3-25　艺术字样式列表

(2) 选中艺术字，切换到"格式"选项卡，在"形状样式"组中单击"形状效果"按钮，在下拉列表中选择"柔化边缘"选项。

(3) 在"艺术字样式"组中单击"文本效果"按钮，在下拉列表中选择"转换"|"倒 V 形"选项。

(4) 调整艺术字至合适的位置。

2. 插入图片

(1) 将光标定位在目标位置，选择"插入"|"插图"|"剪贴画"命令，在窗口右侧弹出"剪贴画"窗口，单击"搜索"按钮，在搜索的结果中选择一幅剪贴画，单击鼠标左键即可

插入。

（2）如果要插入一幅图片时，选择"插入"|"插图"|"图片"命令，弹出"插入图片"对话框。选择要插入的图片后，单击"插入"按钮，即可完成操作。

（3）右击图片，在弹出的菜单中选择"设置图片格式"命令。选择"图片颜色"|"预设"|"冲蚀"选项。

（4）选中图片，在"格式"选项卡中单击"排列"组中的"位置"按钮，在下拉列表中选择"其他布局选项"选项，如图 3-26 所示。

（5）在弹出的"布局"窗口中选择"文字环绕"选项卡，将文字环绕形式设置为"衬于文字下方"，如图 3-27 所示。单击"确定"按钮，完成设置。

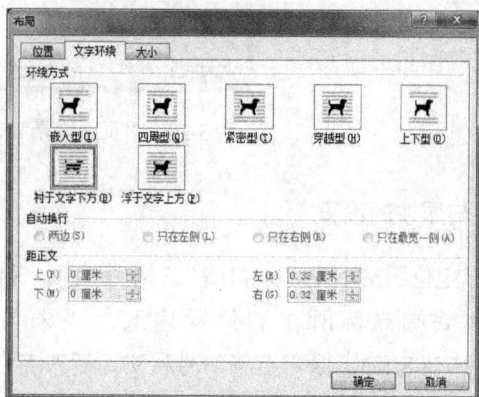

图 3-26　设置图片位置　　　　图 3-27　"布局"对话框中设置文字环绕形式

（6）切换到"插入"选项卡，在"插入"组中选择"屏幕截图"|"屏幕剪辑"命令，屏幕将变为灰白色，此时可以通过拖动鼠标绘制要截取的区域，然后即可将拖动过的区域作为图片插入到文档中。

（7）如果在进入屏幕剪辑状态后希望取消截图，则可以按 Esc 键退出该状态。

3.3.2　文档的版面设置

【实验内容】

选择实验题目 1 中修改过的样文进行如下操作。

1. 页面设置：设置页边距上、下各 2 厘米，左、右各 3 厘米。

2. 脚注和尾注：为作者"朱自清"三个字插入尾注"朱自清(1898.11.22~1948.8.12)，原名自华，号秋实，后改名自清，字佩弦。"

3. 页眉和页脚：页眉为"散文欣赏"，在奇数页将页码显示在左下角，偶数页码显示在右下角。

【实验步骤】

1. 页面设置

单击功能区中的"页面布局"|"页面设置"组中的对话框启动器。打开如图 3-28 所示

的"页面设置"对话框。在"页边距"选项卡中将页边距设置为要求的数值，单击"确定"按钮，完成设置。

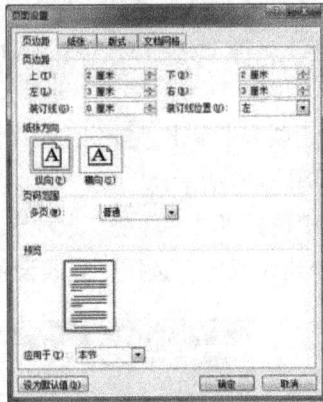

图 3-28　　"页面设置"对话框

2. 脚注与尾注的设置

(1) 光标定位于文档中"朱自清"三个字之后，选择"引用"|"脚注"|"插入尾注"命令。在页面底端光标所在的位置输入："朱自清"三个字，插入尾注"朱自清(1898.11.22~1948.8.12),原名自华，号秋实，后改名自清，字佩弦。"，单击文档其他区域结束输入。

(2) 单击功能区中的"引用"|"脚注"组中的对话框启动器，打开如图 3-29 所示的"脚注与尾注"对话框，可在其中进行更高级的设置。

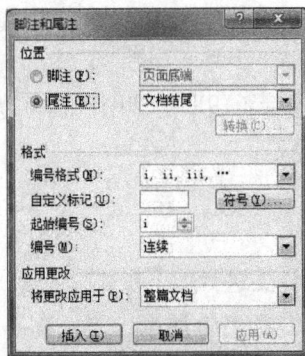

图 3-29　　"脚注和尾注"对话框

3. 页眉与页脚的设置

(1) 切换到"插入"选项卡，在"页眉和页脚"组中单击"页眉"按钮，在弹出的下拉列表中选择一种页眉类型。

(2) 将光标定位于页眉编辑区，并输入"散文欣赏"。

(3) 在"设计"|"选项"组中选中"奇偶页不同"复选框，如图 3-30 所示。

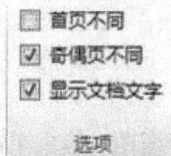

图 3-30　"奇偶页不同"设置

(4) 在"页眉和页脚"组中单击"页码"按钮，在下拉列表中选择"设置页码格式"命令，弹出"页码格式"对话框，如图 3-31 所示。可在此设置页码编号及起始页码。

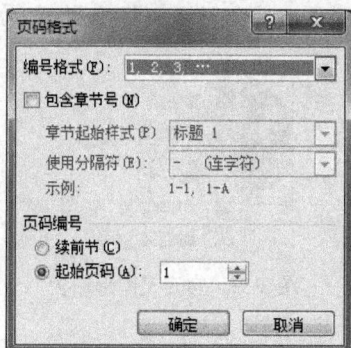

图 3-31　"页码格式"对话框

(5) 选择"页眉和页脚"|"页码"|"页面底端"命令，在弹出的级联菜单中分别对文档的第一页和第二页进行页码位置的设置。

(6) 选择"设计"|"关闭"|"关闭页眉和页脚"命令，即可回到文本编辑区。

3.3.3　自选图形的绘制

【实验内容】

1. 利用绘图工具绘制一个如图 3-32 所示的图形。

2. 对图形进行颜色填充，设置叠放次序。

3. 将组成图形的各个元素进行组合。

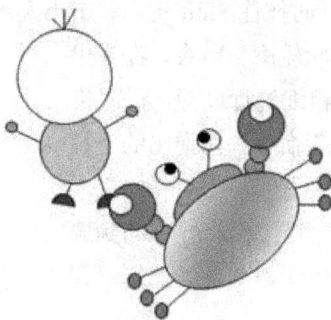

图 3-32　图形示样

【实验步骤】

1. 绘制自选图形

(1) 切换到"插入"选项卡，在"插图"组中单击"形状"按钮，在弹出的下拉列表中选择"椭圆"按钮 ◯。

(2) 鼠标指针移动到要绘制图形的开始位置，按住鼠标左键拖动到大小和形状符合小人的脑袋时，松开鼠标，画出椭圆图形同时出现八个控制点。

(3) 如果要对图形的形状进行更改，可右击要更改外形的图形，在弹出的快捷菜单中选择"编辑顶点"命令。在形状的顶点处会显示一些控制点，如图 3-33 所示。

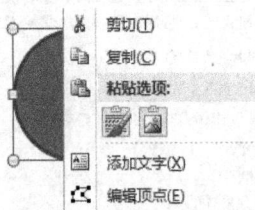

图 3-33   自定义图形形状

2. 调整图形尺寸和移动图形

(1) 移动鼠标指针到控制点，出现双向箭头时按着鼠标左键拖动，改变椭圆大小。

(2) 移动鼠标指针到椭圆图形上，变为移动指针 ✥ 时，按着鼠标左键拖动到合适位置松开。

(3) 按照上述步骤的操作方法再次选中"椭圆"按钮，画出小人的身体；选中"直线"按钮，画出小人的胳膊。

(4) 单击刚才画出的直线，同时按住 Ctrl 键拖动鼠标即可复制另一条直线。

(5) 将两条直线移动到合适位置。

(6) 依照上述操作分别完成其余图形的绘制。

3. 图形颜色填充和叠放次序

(1) 单击小人"左手"，同时按住 Shift 键，单击小人"右手"，同时选中两个对象。选择"格式"|"形状样式"|"形状轮廓"命令，在弹出的下拉列表中对线条的颜色及粗细进行设置。选择"格式"|"形状样式"|"形状填充"命令，在弹出的下拉列表中对形状的填充颜色进行设置。

(2) 选中小人的"身体"，将鼠标指针移动到选中对象上，单击鼠标右键，弹出快捷菜单，选择"置于底层"命令。

(3) 用同样的方式完成小人其余部分的绘制及线条与填充的设置。

图 3-34   填充后的"小人"图形

(4) 移动图形至合适位置，完成效果如图 3-34 所示。

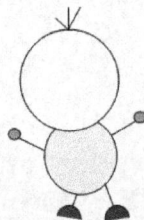

4. 多个图形的组合和分解

(1) 单击左键标选中组成小人的任一图形，按住 Shift 键的同时依次选中其余图形。

(2) 移动鼠标指针到图形上，变为移动指针时，单击右键出现快捷菜单。

(3) 单击"组合"子菜单中的"组合"命令，小人实现组合，其组合过程如图 3-35 所示。

(4) 选中组合后图形，单击右键调出快捷菜单。单击"组合"中的"取消组合"命令，组合图形取消组合。

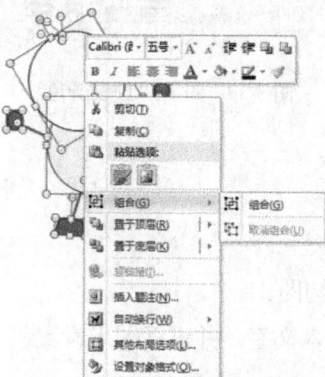

图 3-35　　"小人"图形组合过程

5. 设置图形格式

(1) 按照图 3-32 所示完成螃蟹部分的绘制。

(2) 选中螃蟹"身体"，单击右键，在弹出的快捷菜单中选择"设置形状格式"命令，出现如图 3-36 所示的"设置形状格式"对话框。

(3) 选中"填充"|"渐变填充"命令，在"预设颜色"下拉列表中选择一种预设效果，如图 3-37 所示。在"方向"下拉列表中选择一种预设方向。

(4) 完成螃蟹其余部分的设置后，将组成螃蟹的各种图形组合在一起。放至适当位置后与之前完成的"小人"组合，完成效果如图 3-32 所示。

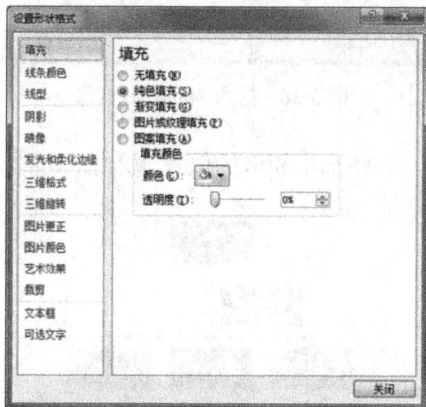

图 3-36　　"设置形状格式"对话框

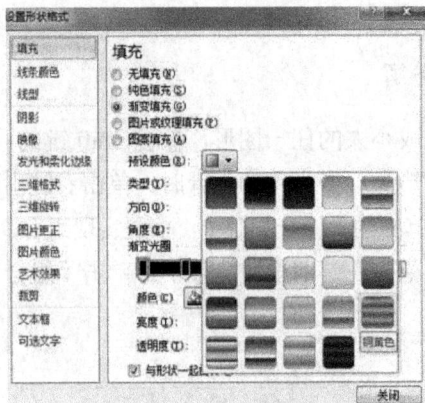

图 3-37　设置"预设颜色"

3.3.4　使用 SmartArt 图形

【实验内容】

1. 按样图制作学院组织结构图。

2. 使用 SmartArt 图形，输入文字，并进行图形设置。

【实验步骤】

1. 选择 SmartArt 图形

(1) 新建空白 Word 2010 文档，将光标调到适当位置，切换到"插入"选项卡，单击"插图"组中的 SmartArt 按钮，弹出"选择 SmartArt 图形"对话框，切换至"层次结构"面板，然后单击"组织结构图"图标，最后单击"确定"按钮，如图 3-38 所示。

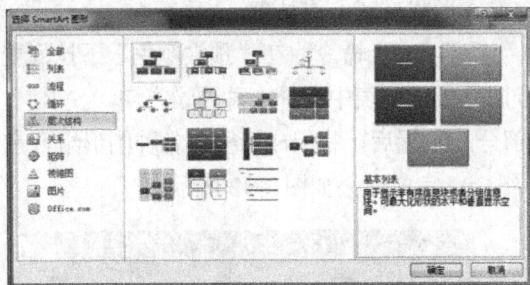

图 3-38　插入 SmartArt 图形

(2) 为文档插入图形后，在图形中相应的位置输入适当的文字。如图 3-39 所示。

图 3-39　输入文字后的效果

2. 为图形添加形状

选中图中最后一个形状，切换到"SmartArt 工具"的"设计"选项卡，单击"创建图形"组的"添加形状"按钮，在弹出的下拉列表中单击"在后面添加形状"按钮，如图 3-40 所示。按照同样的方法，为图形添加其他需要的形状。

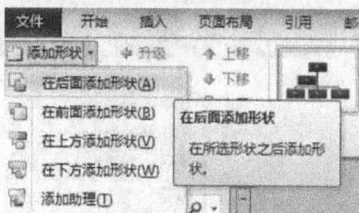

图 3-40　添加形状

3. 更改图形颜色

为图形添加了需要的形状后，在各形状中输入文本内容，单击"SmartArt 样式"组中的"更改颜色"按钮，在展开的颜色样式库中单击"彩色范围-强调文字颜色 3 至 4"图标，为图形更改颜色，如图 3-41 所示。

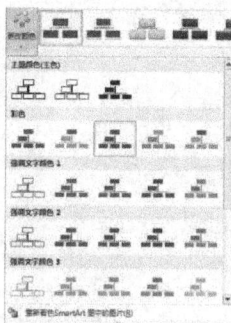

图 3-41　更改图形颜色

4. 设置图形样式

(1) 更改了图形的颜色后，单击"SmartArt 样式"快捷按钮，在展开的样式库中单击"三维"组中的"粉末"图标，如图 3-42 所示。

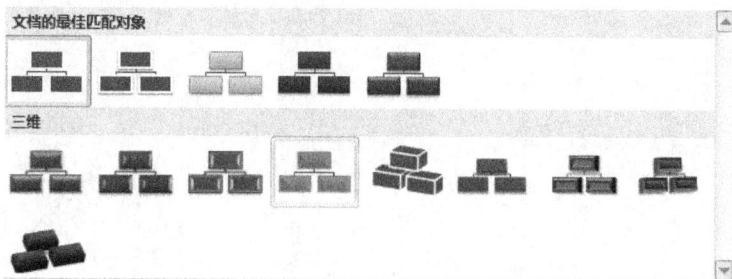

图 3-42　设置图形颜色

(2) 经过以上操作后，完成了学院组织结构图的制作，结果如图 3-43 所示。

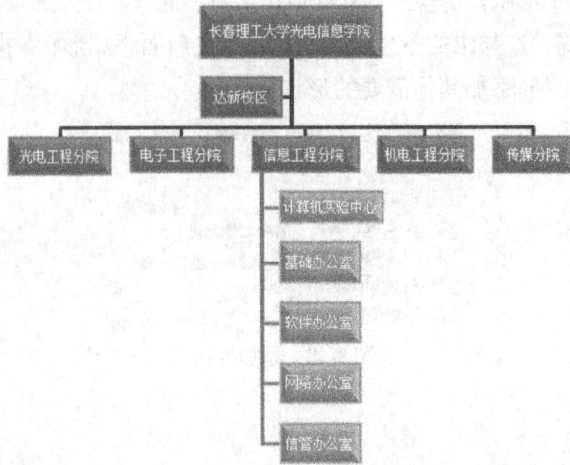

图 3-43 学院组织结构图

实验四　Excel 2010 操作

实验 4.1　Excel 2010 的编辑与格式化

【实验目的】

1. 熟练掌握 Excel 2010 的基本操作。
2. 掌握单元格数据的编辑方法。
3. 掌握填充序列及自定义序列的操作方法。
4. 掌握公式和函数的使用方法。
5. 掌握工作表格式的设置及自动套用格式的使用方法。

【实验要求】

1. 实现单元格数据的基本编辑。
2. 利用自动填充序列方法实现数据输入，学会自定义序列及其填充方法。
3. 利用公式和函数完成数据的简单计算，并将工作簿加密保存。
4. 实现对工作表的格式化，如字体、颜色、底纹、对齐方式及数据格式等。

4.1.1　Excel 2010 的基本操作

【实验内容】

1. 启动 Excel 2010，并更改工作簿的默认格式。
2. 新建空白工作簿，并按【样表 4-1】格式输入数据。
3. 利用"数据填充"功能完成有序数据的输入。
4. 利用单元格的移动将"液晶电视"所在行置于"空调"所在行的下方。
5. 调整行高及列宽。

【样表 4-1】

	A	B	C	D	E	F
1	全年部分商品销售统计表					
2	商品名称	第一季	第二季	第三季	第四季	合计
3	冰箱	462000	350058	452200	416884	
4	液晶电视	802000	902060	806025	1045122	
5	洗衣机	320152	450055	505600	456223	
6	微波炉	245752	460022	350011	454899	
7	空调	586400	1822010	9531212	854564	

【实验步骤】

1. 启动 Excel 2010 并更改默认格式

(1) 选择"开始"|"所有程序"|Microsoft office|Microsoft office Excel 2010 命令，启动 Excel 2010。

(2) 单击"文件"按钮，在弹出的菜单中选择"选项"命令，弹出"Excel 选项"对话框，切换至"常规"选项面板，单击"新建工作簿"区域内"使用的字体"对框下的三角按钮，在展开的下拉列表中单击"华文中宋"选项。

(3) 单击"包含的工作表数"数值框右侧上调按钮，将数值设置为 5，如图 4-1 所示，最后单击"确定"按钮。

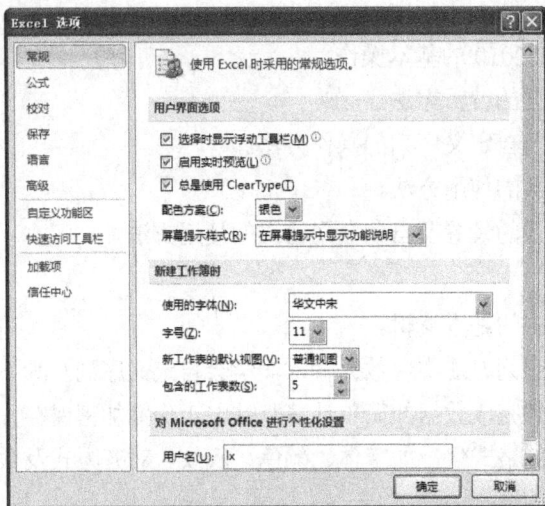

图 4-1　Excel 选项

(4) 设置了新建工作簿的默认格式后，弹出 Microsoft Excel 提示框，单击"确定"按钮，如图 4-2 所示。

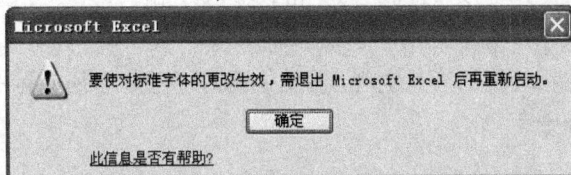

图 4-2　Microsoft Excel 提示框

(5) 关闭当前打开的所有 Excel 2010 窗口，然后重新启动 Excel 2010，新建一个 Excel 表格，并在单元格内输入文字，即可看到更改默认格式的效果。

2. 新建空白工作簿并输入文字

(1) 在打开的 Excel 2010 工作簿中单击"文件"按钮，选择"新建"命令。在右侧的"新建"选项面板中，单击"空白工作簿"图标，再单击"创建"按钮，如图 4-3 所示，系统会自动创建新的空白工作簿。

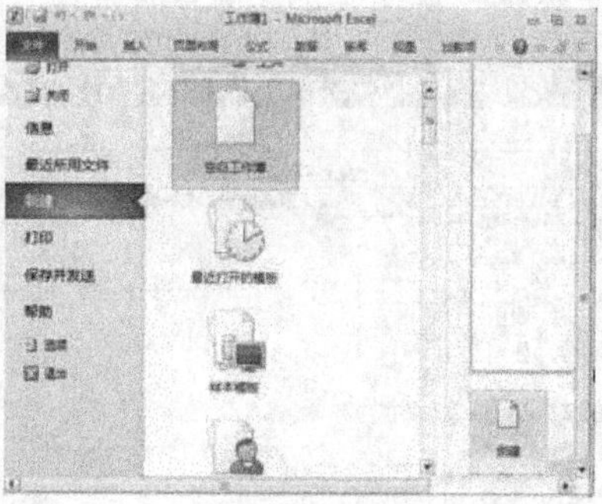

图 4-3 新建空白工作簿

(2) 在默认状态下 Excel 自动打开一个新工作簿文档，标题栏显示"工作簿 1-Microsoft Excel"，当前工作表是 Sheet1。

(3) 选中 A1 为当前单元格，键入标题文字："全年部分商品销售统计表"。

(4) 选中 A1 至 F1(按下鼠标左键拖动)，在当前地址显示窗口出现 1R×6C 的提示，表示选中了一行六列，此时单击"合并后居中"按钮，即可实现单元格的合并及标题居中的功能。

(5) 单击 A2 单元格，输入"商品名称"，然后用光标键选定 B3 单元格，输入数字，并用同样的方式完成所有数字部分的内容输入。

3. 在表格中输入有序数据

(1) 单击 B2 单元格，输入"第一季"，然后使用自动填充的方法，将鼠标指向 B2 单元格右下角，当出现符号+时，按下 Ctrl 键并拖动鼠标至 E2 单元格，在单元格右下角出现的【自动填充选项】按钮中选择"填充序列"选项，B2 至 E2 单元格分别被填入"第一季、第二季、第三季、第四季"等 4 个连续数据。

(2) 创建新的序列：单击"文件"按钮，在左侧单击"选项"命令，弹出"Excel 选项"对话框后，切换至"高级"选项卡，在"常规"选项组中单击"编辑自定义列表"按钮，如图 4-4 所示。

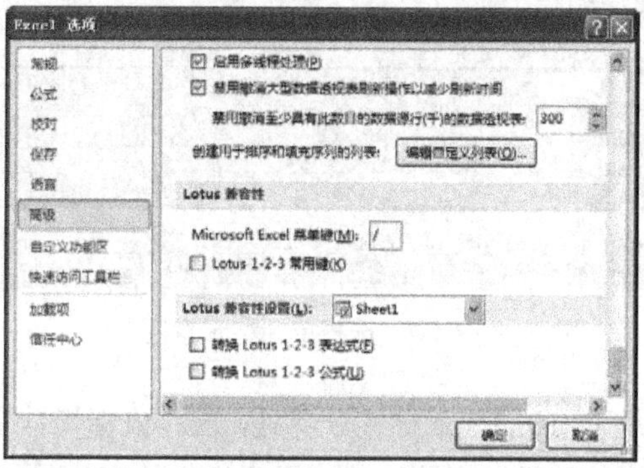

图 4-4 "高级"选项卡

(3) 弹出"自定义序列"对话框，在"输入序列列表框"中输入需要的序列条目，每个条目之间用，分开，再单击"添加"按钮，如图 4-5 所示。

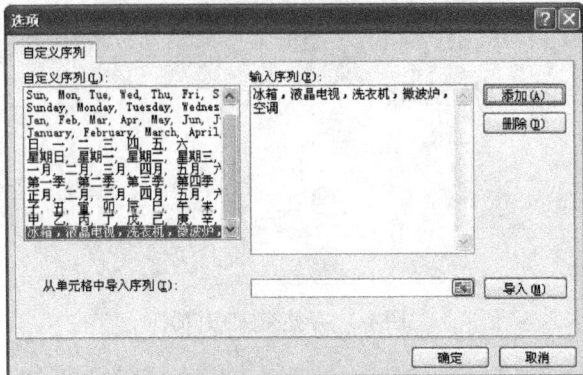

图 4-5　添加新序列

(4) 设置完毕后单击"确定"按钮，返回"Excel 选项"对话框，单击"确定"按钮，返回工作表，完成新序列的填充。

4. 单元格、行、列的移动与删除

(1) 选中 A4 单元格并向右拖动到 F4 单元格，从而选中从 A4 到 F4 之间的单元格。

(2) 在选中区域单击鼠标右键，选择"剪切"命令。

(3) 选中 A8 单元格，按下 Ctrl+V 组合键，完成粘贴操作。

(4) 右击 A4 单元格，在弹出的快捷菜单中选择"删除"命令，弹出"删除"对话框，单击选中"整行"单选按钮，如图 4-6 所示，再单击"确定"按钮。

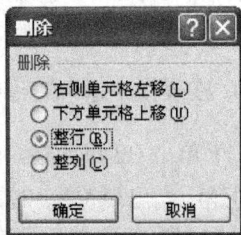

图 4-6　"删除"对话框

5. 调整行高、列宽

(1) 如图 4-7 所示，单击第 3 行左侧的标签　3　，然后向下拖动至第 7 行，选中从第 3 行到第 7 行的所有单元格。

图 4-7　选择单元格示意图

(2) 将鼠标指针移动到左侧的任意标签分界处，这时鼠标指针变为◆形状，按鼠标左键向下拖动，将出现一条虚线并随鼠标指针移动，显示行高的变化，如图 4-8 所示。

(3) 当拖动鼠标使虚线到达合适的位置后释放鼠标左键，这时所有选中的行高均被改变。

图 4-8 显示行高变化图

(4) 选中 F 列所有单元格，切换至"开始"选项卡，在"单元格"组中选择"格式"|"列宽"选项，如图 4-9 所示。

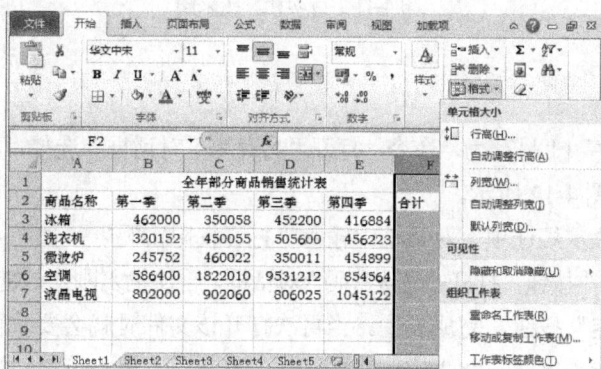

图 4-9 设置列宽

(5) 弹出"列宽"对话框，在文本框中输入列宽值 12，单击"确定"按钮，如图 4-10 所示，完成列宽设置。

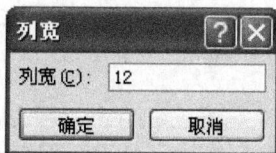

图 4-10 "列宽"对话框

4.1.2 Excel 2010 公式和函数的使用

【实验内容】

1. 利用公式求出合并项数据。

2. 保存文件并用密码进行加密。

【实验步骤】

1. 利用公式计算

(1) 单击 F3 单元格，以确保计算结果显示在该单元格。

(2) 直接从键盘输入公式=B3+C3+D3+E3。

(3) 单击编辑栏左侧的"输入"按钮✔，结束输入状态，则在 F3 单元格显示出冰箱的合计销售量。

(4) 鼠标移向 F3 单元格的右下角，当鼠标变成"十字"形时，向下拖动鼠标，到 F7 单元格释放鼠标左键，则所有商品的销售情况被自动计算出来，如图 4-11 所示。

	A	B	C	D	E	F
1	全年部分商品销售统计表					
2	商品名称	第一季	第二季	第三季	第四季	合计
3	冰箱	462000	350058	452200	416884	1681142
4	洗衣机	320152	450055	505600	456223	1732030
5	微波炉	245752	460022	350011	454899	1510684
6	空调	586400	1822010	9531212	854564	12794186
7	液晶电视	802000	902060	806025	1045122	3555207

图 4-11　自动计算结果图

2. 保存并加密

(1) 选择"文件"|"另存为"命令，打开"另存为"对话框，选择"工具"按钮下的"常规选项"命令，如图 4-12 所示。

(2) 在打开的"常规选项"对话框中输入"打开权限密码"，如图 4-13 所示。

(3) 单击"确定"按钮，打开"确认密码"对话框，再次输入刚才的密码，如图 4-14 所示。

(4) 单击"确定"按钮，完成设置。当再次打开该文件时就会要求输入密码。

(5) 将文件名改为"商品销售统计表"，存于桌面上，单击"确定"按钮保存。

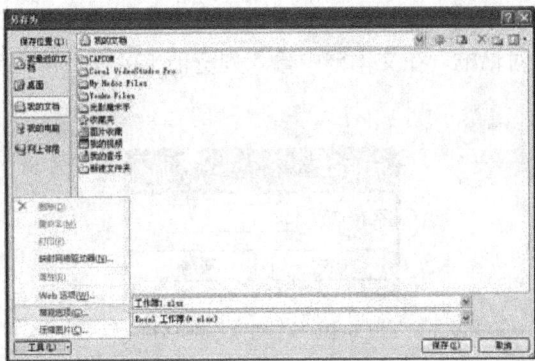

图 4-12　"另存为"对话框

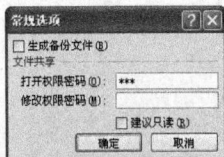

图 4-13　"常规选项"对话框　　　图 4-14　"确认密码"对话框

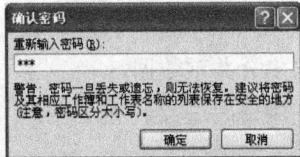

4.1.3　工作表格式化

【实验内容】

1. 打开"商品销售统计表.xlsx"。

2. 设置 Excel 中的字体、字号、颜色及对齐方式等属性。

3. 设置 Excel 中的表格线。

4. 设置 Excel 中的数字格式。

5. 在标题上方插入一行，输入创建日期，并设置日期显示格式。

6. 设置单元格背景颜色。

【实验步骤】

1. 打开"商品销售统计表.xlsx"

(1) 进入 Excel 2010，选择"文件|打开"命令，弹出如图 4-15 所示的"打开"对话框。

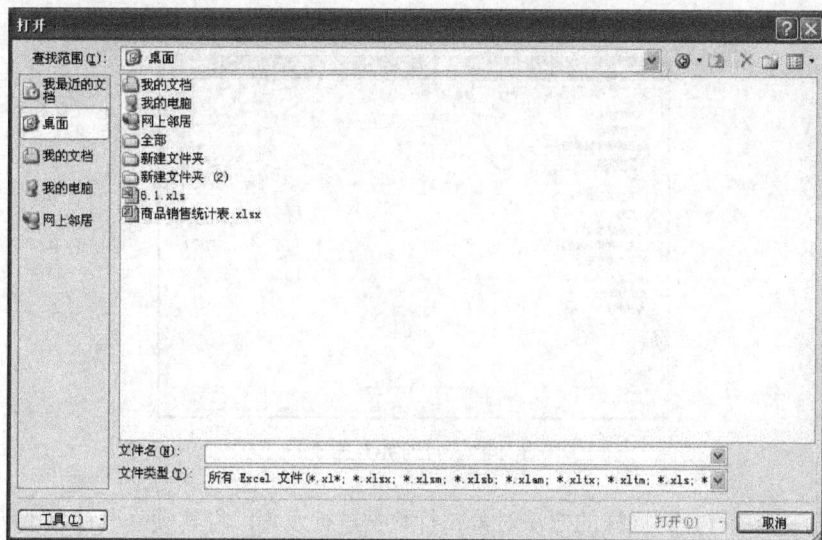

图 4-15　"打开"对话框

(2) 按照路径找到工作簿的保存位置，双击其图标打开该工作簿，或者单击选中图标，单击该对话框中的"打开"按钮。

2. 设置字体、字号、颜色及对齐方式

(1) 选中表格中的全部数据，单击鼠标右键，在弹出的快捷菜单中选择"设置单元格格式"命令，打开"设置单元格格式"对话框。

(2) 切换到"字体"选项卡，字体选择为"宋体"，字号为 12，颜色为"深蓝，文字 2，深色 50%"，如图 4-16 所示。

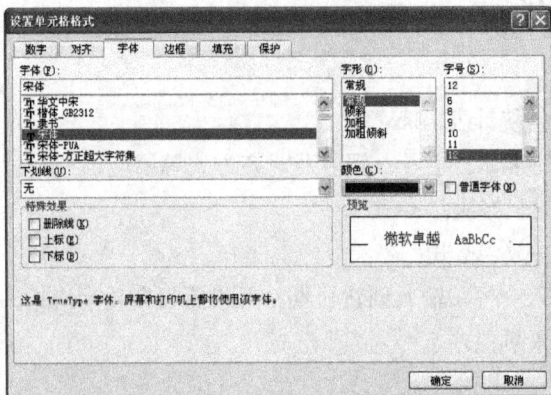

图 4-16 "单元格格式"——"字体"选项卡

(3) 打开"对齐"选项卡，选择文本对齐方式为"居中"，如图 4-17 所示。单击"确定"按钮。

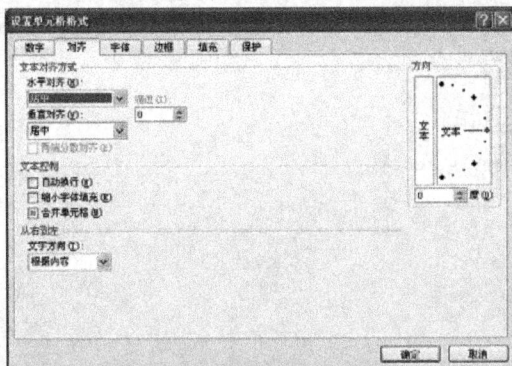

图 4-17 "对齐"选项卡

(4) 选中第二行，用同样的方法对第二行数据进行设置，将其颜色设置为"黑色"；字形设置为"加粗"。

3. 设置表格线

(1)选中 A2 单元格，并向右下方拖动鼠标，直到 F7 单元格，然后单击"开始"|"字体"组中的"边框"按钮，从弹出的下拉列表中选择"所有框线"图标，如图 4-18 所示。

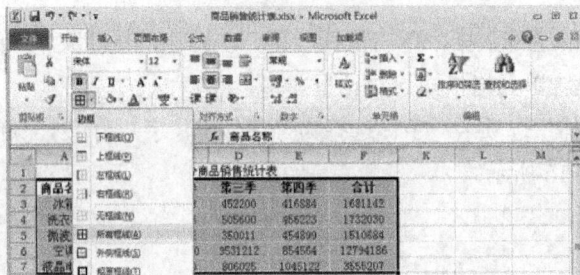

图 4-18 选择"所有框线"图标

(2) 如做特殊边框线设置时，首先选定制表区域，切换到"开始"选项卡，单击"单元格"组中的"格式"按钮，在展开的下拉列表中选择"设定单元格格式"选项，如图 4-19 所示。

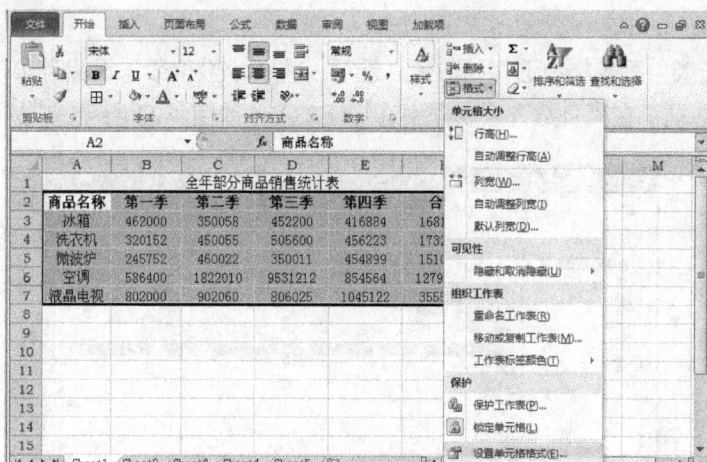

图 4-19　设置单元格格式

(3) 在弹出的"设置单元格格式"对话框中，打开"边框"选项卡，选择合适的线条样式，然后在"预置"组合框中单击"外边框"按钮，如图 4-20 所示。

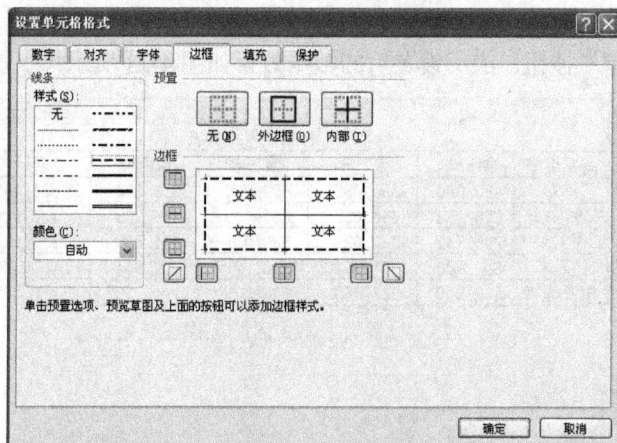

图 4-20　"边框"选项卡

(4) 单击"确定"按钮。设置完边框后的工作表效果如图 4-21 所示。

	A	B	C	D	E	F
1	全年部分商品销售统计表					
2	商品名称	第一季	第二季	第三季	第四季	合计
3	冰箱	462000	350058	452200	416884	1681142
4	洗衣机	320152	450055	505600	456223	1732030
5	微波炉	245752	460022	350011	454899	1510684
6	空调	586400	1822010	9531212	854564	12794186
7	液晶电视	802000	902060	806025	1045122	3555207

图 4-21　设置边框后的工作表效果图

4. 设置 Excel 中的数字格式

(1) 选中 B3 至 F7 单元格。

(2) 右击选中区域，在弹出的快捷菜单中选择"设置单元格格式"命令，打开"设置单元格格式"对话框，切换到"数字"选项卡。

(3) 在"分类"列表框中选择"数值"选项；将"小数位数"设置为 0；选中"使用千位分隔符"复选框，在"负数"列表框中选择(1,234)，如图 4-22 所示。

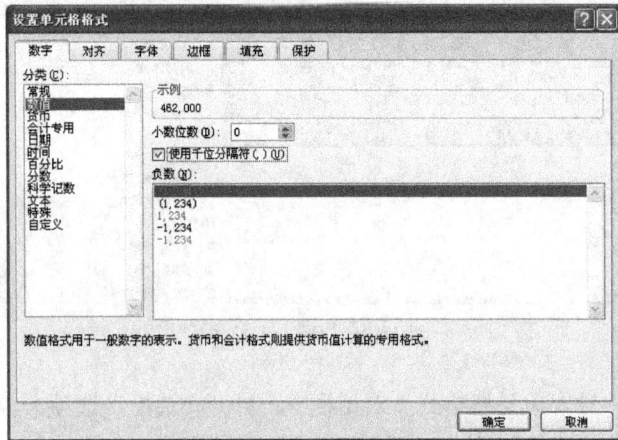

图 4-22　"数字"选项卡

(4) 单击"确定"按钮，应用设置后的数据效果如图 4-23 所示。

	A	B	C	D	E	F
1	全年部分商品销售统计表					
2	商品名称	第一季	第二季	第三季	第四季	合计
3	冰箱	462,000	350,058	452,200	416,884	1,681,142
4	洗衣机	320,152	450,055	505,600	456,223	1,732,030
5	微波炉	245,752	460,022	350,011	454,899	1,510,684
6	空调	586,400	1,822,010	9,531,212	854,564	12,794,186
7	液晶电视	802,000	902,060	806,025	1,045,122	3,555,207

图 4-23　设置数字格式后的工作表效果

5. 设置日期格式

(1) 将鼠标指针移动到第一行左侧的标签上，当鼠标指针变为 ➡ 时，单击该标签，选中第一行中的全部数据。

(2) 右击选中的区域，在弹出的快捷菜单中，单击"插入"命令。

(3) 在插入的空行中，选中 A1 单元格，并输入"2011-8-8"，单击编辑栏左侧的"输入"按钮，结束输入状态。

(4) 选中 A1 单元格，右击选中区域，在快捷菜单中单击"设置单元格格式"命令，打开"设置单元格格式"对话框，切换到"数字"选项卡。

(5) 在"分类"列表框中选择"日期"选项，然后在"类型"列表框中选择"二 OO 一年三月十四日"，如图 4-24 所示。

(6) 单击"确定"按钮。

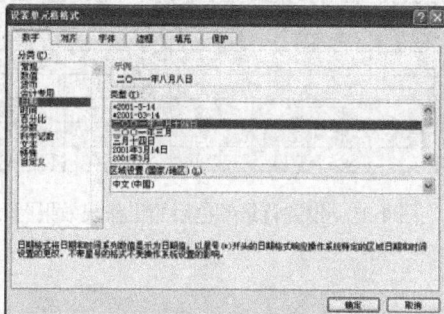

图 4-24　设置日期格式

(7) 选中 A1 至 A2 单元格，单击"开始|对齐方式"组中的"合并后居中"按钮，将两个单元格合并为一个，应用设置后的效果如图 4-25 所示。

图 4-25　设置日期格式后工作表效果图

6. 设置单元格背景颜色

(1) 选中 A4 至 F8 之间的单元格，然后单击"开始|字体"组中的"填充颜色"按钮，在弹出的面板中选择"紫色，强调文字颜色 4，淡色 80%"选项。

(2) 用同样的方法将表格中 A3 至 F3 单元格中的背景设置为"深蓝，文字 2，淡色 80%"。

(3) 如做特殊底纹设置时，右击选定底纹设置区域，在快捷菜单中单击"设置单元格格式"命令，打开"设置单元格格式"对话框，切换到"填充"选项卡，在"图案样式"下拉列表中选择"6.25%灰色"，如图 4-26 所示，单击"确定"按钮，设置背景颜色后的工作表效果如图 4-27 所示。

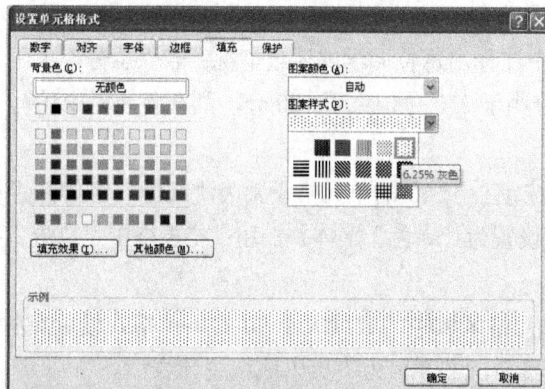

图 4-26　"填充"选项卡

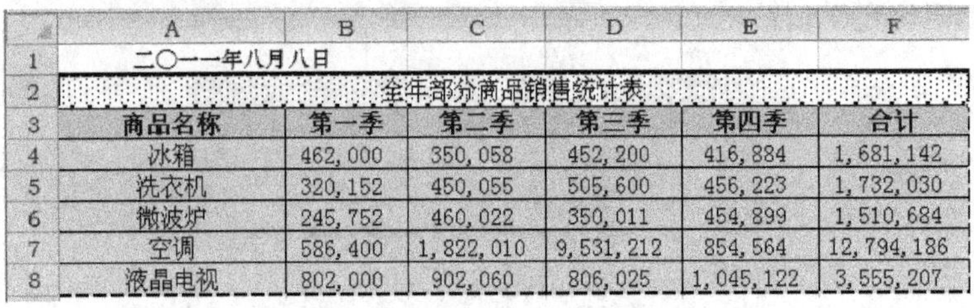

	A	B	C	D	E	F
1	二〇一一年八月八日					
2	全年部分商品销售统计表					
3	商品名称	第一季	第二季	第三季	第四季	合计
4	冰箱	462,000	350,058	452,200	416,884	1,681,142
5	洗衣机	320,152	450,055	505,600	456,223	1,732,030
6	微波炉	245,752	460,022	350,011	454,899	1,510,684
7	空调	586,400	1,822,010	9,531,212	854,564	12,794,186
8	液晶电视	802,000	902,060	806,025	1,045,122	3,555,207

图 4-27 设置背景颜色后的工作表效果图

实验 4.2 数据统计运算和数据图表的建立

【实验目的】

1. 掌握常用函数的使用方法，了解数据的统计运算原则。

2. 学会对工作表的数据进行统计运算。

3. 掌握使用条件格式设置单元格内容，了解删除条件格式的方法。

4. 掌握 Excel 2010 中常用图表的建立方法。

5. 了解组成图表的各图表元素，了解图表与数据源的关系。

6. 掌握图表格式化方法。

【实验要求】

1. 利用常用函数实现数据的统计运算，如总分、平均分等。

2. 使用条件格式完成工作数据的统计，并实现条件格式的删除。

3. 利用向导建立数据图表并格式化该图表。

4.2.1 工作表数据的统计运算

【实验内容】

1. 按照【样表 4-2】输入数据，并完成相应的格式设置。

2. 计算每个学生成绩总分。

3. 计算各科成绩平均分。

4. 在"备注"栏中注释出每位同学的通过情况：若"总分"大于 250 分，则在备注栏中填写"优秀"；若总分小于 250 分但大于 180 分，则在备注栏中填写"及格"，否则在备注栏中填写"不及格"。

5. 将表格中所有成绩小于 60 的单元格设置为"红色"字体并"加粗"；将表格中所有成绩大于 90 的单元格设置为"绿色"字体并加粗；将表格中"总分"小于 180 的数据，设置任意一种背景颜色。

6. 将 C3 至 F6 单元格区域中的成绩大于 90 的条件格式设置删除。

7. 将文件保存至桌面，文件名为"英语成绩统计表"。

【样表 4-2】

	A	B	C	D	E	F	G
1	英语成绩统计表						
2	学号	姓名	口语	听力	作文	总分	备注
3	201101	甲	91	85	89		
4	201102	乙	82	58	95		
5	201103	丙	75	80	77		
6	201104	丁	45	56	60		
7	平均分						

【实验步骤】

1. 启动 Excel 并输入数据

启动 Excel，并按【样表 4-2】格式完成相关数据的输入。

2. 计算总分

(1) 单击 F3 单元格，输入公式=C3+D3+E3，按 Enter 键，移至 F4 单元格。

(2) 在 F4 单元格中输入公式=SUM(C4：E4)，按 Enter 键，移至 F5 单元格。

(3) 切换到"开始"选项卡，在"编辑"组中单击"求和"按钮 Σ，此时 C5：F5 区域周围将出现闪烁的虚线边框，同时在单元格 F5 中显示求和公式=SUM(C5：E5)。公式中的区域以黑底黄字显示，如图 4-28 所示，按 Enter 键，移至 F6 单元格。

	SUM	▼	✗ ✓ f_x	=SUM(C5:E5)				
	A	B	C	D	E	F	G	H
1	英语成绩统计表							
2	学号	姓名	口语	听力	作文	总分	备注	
3	201101	甲	91	85	89	265		
4	201102	乙	82	58	95	235		
5	201103	丙	75	80	=SUM(C5:E5)			
6	201104	丁	45	56	60	SUM(number1, [number2], ...)		
7	平均分							

图 4-28　利用公式求和示意图

(4) 单击"编辑栏"前边的"插入公式"按钮 f_x，屏幕显示"插入函数"对话框，如图 4-29 所示。

(5) 在"或选择类别"下拉列表中选择"常用函数"选项，在"选择函数"列表框中选择 SUM。单击"确定"按钮，弹出"函数参数"对话框。

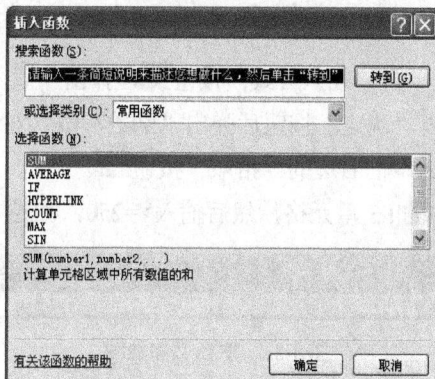

图 4-29　"插入函数"对话框

(6) 在 Number1 框中输入 C6：E6，如图 4-30 所示。

(7) 单击"确定"按钮，返回工作表窗口。

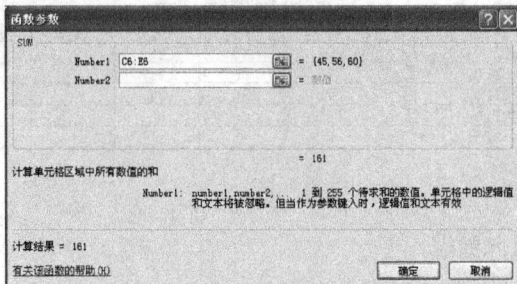

图 4-30　"函数参数"对话框

3. 计算平均分

(1) 选中 C7 单元格，单击"插入公式"按钮 f_x，弹出"插入函数"对话框，在"选择函数"区域中选择 AVERAGE，单击"确定"按钮后弹出"函数参数"对话框。

(2) 在工作表窗口中用鼠标选中 C3 到 C6 单元格，在 Number1 框中立即出现 C3：C6，如图 4-31 所示。

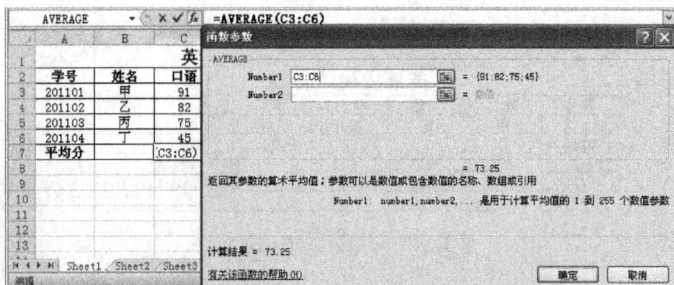

图 4-31　求平均分示意图

(3) 单击"确定"按钮，返回工作表窗口。

(4) 利用自动填充功能完成其余科目平均分成绩的计算。

4. IF 函数的使用

(1) 选中 G3 单元格，单击"插入公式"按钮 f_x，弹出"插入函数"对话框，在"选择函数"区域中选择 IF，单击"确定"按钮后弹出"函数参数"对话框。

(2) 单击 Logical_test 文本框右边的"拾取"按钮。

(3) 单击工作表窗口中的 F3 单元格，然后输入>=250，如图 4-32 所示。

图 4-32　IF 函数参数图

(4) 单击"返回"按钮。

(5) 在 Value_if_ture 右边的文本输入框中输入"优秀"，如图 4-33 所示。

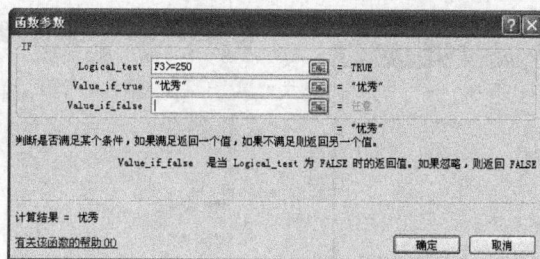

图 4-33　IF 函数参数图

(6) 将光标定位到 Value_if_false 右边的输入框中，单击工作表窗口左上角的 IF 按钮 <u>IF</u>，又弹出一个"函数参数"对话框。

(7) 将光标定位到"Logical_test"右边的文本框中，单击工作表窗口中的 F3 单元格，然后输入>=180。

(8) 在 Value_if_true 右边的文本框中输入"及格"，在 Value_if_false 右边的文本框中输入"不及格"，如图 4-34 所示。

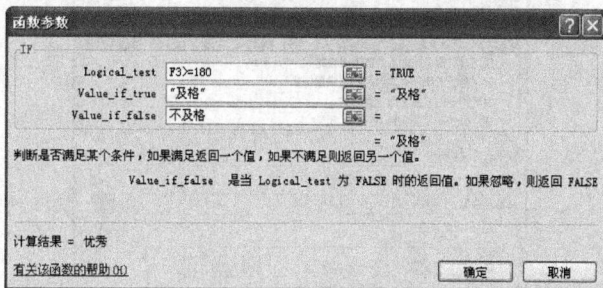

图 4-34　IF 函数参数图

(9) 单击【确定】按钮，完成其余数据操作，最终效果如图 4-35 所示。

图 4-35　使用 IF 函数后的工作表效果图

5. 条件格式的使用

(1) 选中 C3：E6 单元格区域，单击功能区中的"开始|样式|条件格式"按钮，在弹出的列表中选择"新建规则"命令，弹出"新建格式规则"对话框。

(2) 在"选择规则类型"框中选择"只为包含以下内容的单元格设置格式"选项。在"编辑规则说明"框中设置"单元格值小于 60"，如图 4-36 所示。

(3) 单击"格式"按钮，在弹出的"设置单元格格式"对话框中打开"字体"选项卡，将颜色设置为"红色",字形设置为"加粗",如图 4-37 所示。

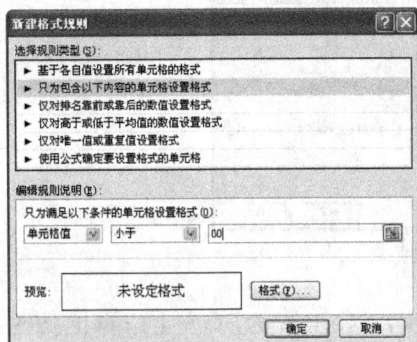

图 4-36 "新建格式规则"对话框

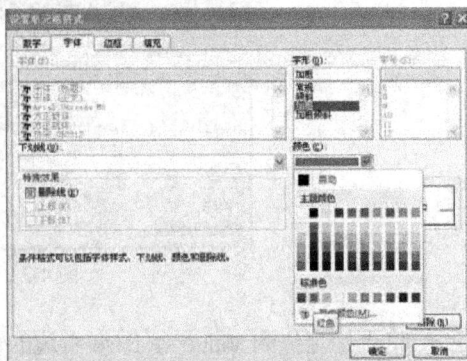

图 4-37 "字体"选项卡

(4) 单击"确定"按钮,返回"编辑格式规则"对话框,可以预览文字效果,如图 4-38 所示。

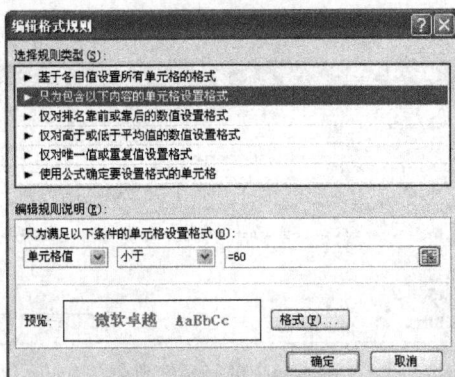

图 4-38 预览文字效果

(5) 单击"确定"按钮,退出该对话框。

(6) 用同样的方式完成满足条件"各科成绩大于 90"的单元格的格式设置,要求设置为"绿色"字体并加粗。

(7) 选中 F3 至 F6 单元格,单击功能区中的"开始|样式|条件格式"按钮,在弹出的列表中选择"新建规则"命令,弹出"新建格式规则"对话框。

(8) 在"选择规则类型"框中选择"只为包含以下内容的单元格设置格式"选项。在"编辑规则说明"中设置"单元格值小于 180"。

(9) 单击"格式"按钮,在弹出的"设置单元格格式"对话框中打开"填充"选项卡,将单元格底纹设置为"浅紫色",如图 4-39 所示。

(10) 单击"确定"按钮,返回"新建格式规则"对话框,可以看到预览文字效果,如图 4-40 所示。

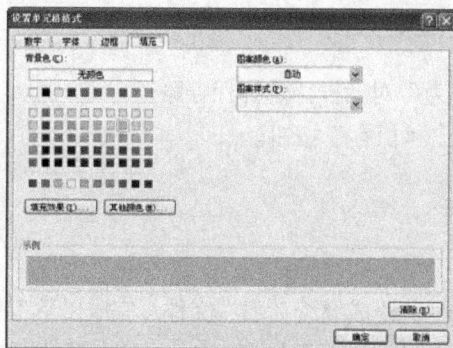

图 4-39　"填充"选项卡

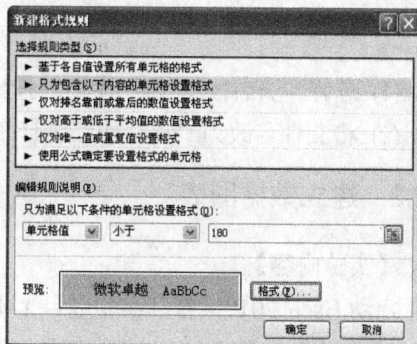

图 4-40　"新建格式规则"对话框

(11) 单击"新建格式规则"对话框的"确定"按钮，退出该对话框，结果如图 4-41 所示。

图 4-41　设置条件和格式后的工作表效果

6. 条件格式的删除

(1) 将光标位于 C3 至 F6 单元格区域中的任意单元格中，单击功能区中的"开始|样式"|"条件格式"按钮，在弹出的列表中选择"管理规则"命令，弹出"条件格式规则管理器"对话框，如图 4-42 所示。

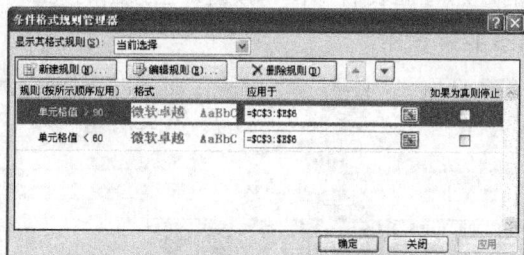

图 4-42　"条件格式规则管理器"对话框

(2) 选中"单元格值>90"条件规则，单击"删除规则"按钮，该条件格式规则即被删除，在"条件格式规则管理器"中显示现有条件格式规则，如图 4-43 所示。

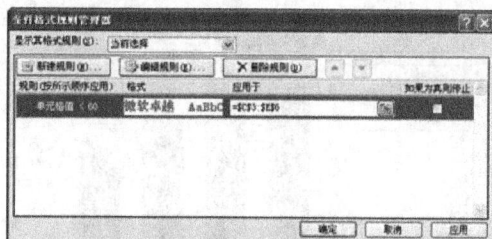

图 4-43　"条件格式规则管理器"对话框

7. 保存文件

(1) 选择"文件|另存为"命令，弹出"另存为"对话框，选择保存路径。

(2) 将文件名改为"英语成绩统计表"，单击"保存"按钮。

4.2.2 建立数据图表

【实验内容】

启动 Excel 2010，打开实验题目 1 中建立的"英语成绩统计表"文件，完成以下工作：

1. 以"英语成绩统计表"中每位同学三门科目的成绩为数据源，在当前工作表中建立嵌入式柱形图图表。

2. 设置图表标题为"英语成绩表"，横坐标轴标题为"姓名"，纵坐标轴标题为"分数"。

3. 将图表中"听力"的填充色改为红色斜纹图案。

4. 为图表中"作文"的数据系列添加数据标签。

5. 更改纵坐标轴刻度设置。

6. 设置图表背景为"渐变填充"，边框样式为"圆角"，设置好后将工作表另存为"英语成绩图表"文件。

【实验步骤】

1. 创建图表

(1) 启动 Excel 2010，打开实验题目 1 中建立的"英语成绩统计表"文件。选择 B2：E6 区域的数据。

(2) 单击功能区中的"插入|图表|柱形图"按钮，在弹出的列表中选择"二维柱形图"中的"簇状柱形图"，如图 4-44 所示。

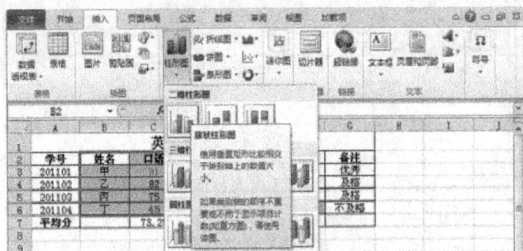

图 4-44　选择图标类型

(3) 此时，在当前工作表中创建了一个柱形图表，如图 4-45 所示。

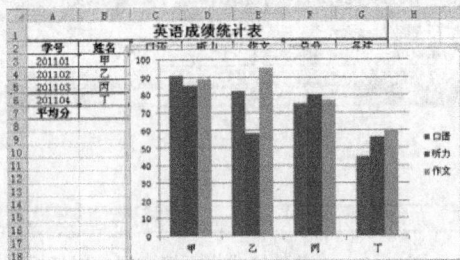

图 4-45　创建图表

(4) 单击图表内空白处，然后按住鼠标左键进行拖动，将图表移动到工作表内的一个适当位置。

2．添加标题

(1) 选中图表，激活功能区中的"设计"、"布局"和"格式"选项卡。单击"布局|标签|图表标题"按钮，在弹出的列表中选择"图表上方"命令，如图 4-46 所示。

(2) 在图表中的标题输入框中输入图表标题"英语成绩表"，单击图表空白区域完成输入。

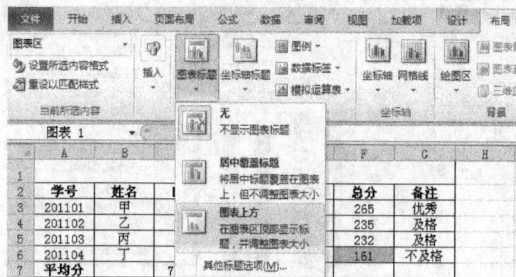

图 4-46　添加图表标题

(3) 单击"布局|标签|坐标轴标题"按钮，在弹出的列表中分别完成横坐标与纵坐标标题的设置。

(4) 选中图表，然后拖动图表四周的控制点，调整图表的大小。

3．修饰数据系列图标

(1) 双击"听力"数据系列或将鼠标指向该系列，单击鼠标右键，在弹出的菜单中单击"设置数据系列格式"，打开该对话框。

(2) 在该对话框的"填充"面板中选中"图案填充"的样式，设置前景色为"红色"，如图 4-47 所示。

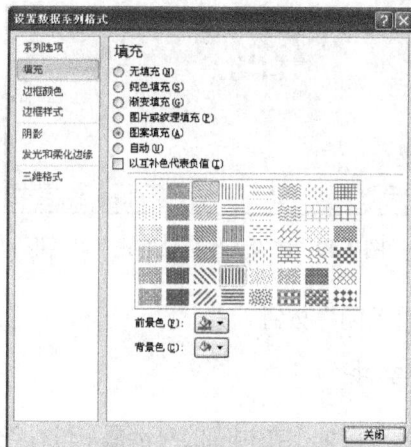

图 4-47　"设置数据系列格式"对话框

4. 添加数据标签

(1) 选中"作文"数据系列，单击"布局|标签|数据标签"按钮，在弹出的下拉列表中选择"数据标签外"命令，如图 4-48 所示。

(2) 在图表中作文数据系列上方将显示数据标签。

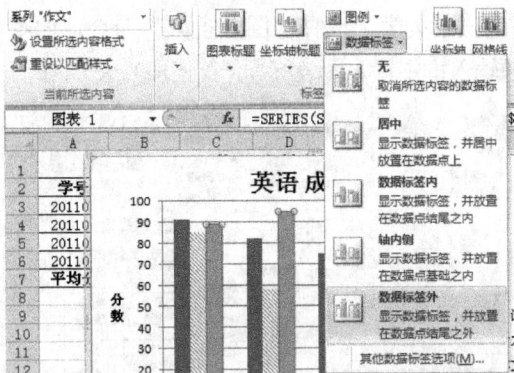

图 4-48　添加标签

5. 设置纵坐标轴刻度

(1) 双击纵坐标轴上的刻度值，打开"设置坐标轴格式"对话框，在"坐标轴选项"区域中将"主要刻度单位"设置为 20，如图 4-49 所示。

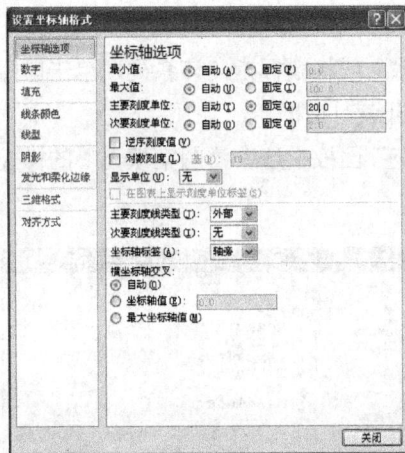

图 4-49　"设置坐标轴格式"对话框

(2) 设置完毕后，单击"关闭"按钮。

6. 设置图表背景并保存文件

(1) 分别双击图例和图表空白处，在相应的对话框中进行设置，图表区的颜色及样式设置参考图 4-50 和图 4-51 所示。

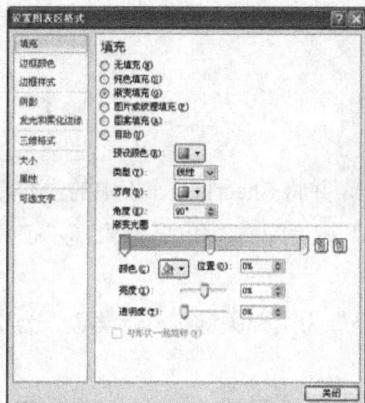

图 4-50　设置"填充颜色"

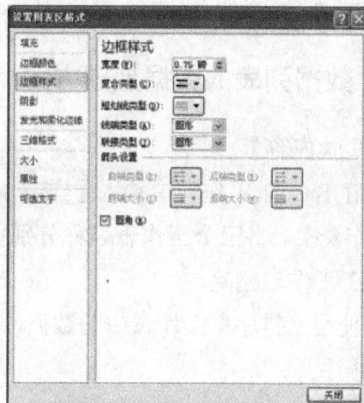

图 4-51　设置"边框样式"

(2) 设置完毕后，单击"关闭"按钮，效果如图 4-52 所示。

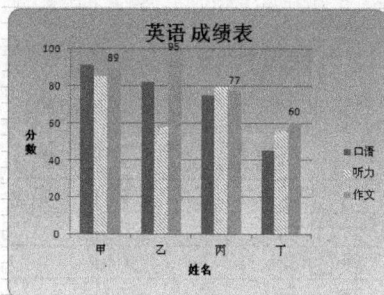

图 4-52　图表最终效果图

(3) 按照前面介绍的另存文件的方法，将嵌入图表后的工作表另存为"英语成绩图表"文件。

实验 4.3　数据列表和数据透视表

【实验目的】

1. 了解 Excel 2010 的数据处理功能。

2. 掌握数据列表的排序方法。

3. 掌握数据列表的自动筛选方法。

4. 掌握数据的分类汇总方法。

5. 了解数据透视表向导的使用方法。

6. 掌握简单数据透视表的建立方法。

7. 掌握创建合并计算报告。

【实验要求】

1. 实现数据列表的排列、自动筛选和分类汇总。

2. 利用数据透视表向导建立数据透视表。

3. 实现数据的合并计算功能。

4.3.1　数据列表的数据处理方式

【实验内容】

1. 在 Sheet1 工作表中输入【样表 4-3】中的数据，并将 Sheet1 工作表中的内容复制至两个新工作表中。将三个工作表名称分别更改为"排序"、"筛选"和"分类汇总"。将 Sheet2 和 Sheet3 工作表删除。

2. 使用"排序"工作表中的数据，以"基本工资"为主要关键字，"奖金"为次要关键字降序排序。

3. 使用"筛选"工作表中的数据，筛选出以"部门"为设计部并且"基本工资"大于等于 900 的记录。

4. 使用"分类汇总"工作表中的数据，以"部门"为分类字段，将"基本工资"进行"平均值"分类汇总。

【样表 4-3】

	A	B	C	D	E
1	糖果公司工资表				
2	姓名	部门	基本工资	奖金	津贴
3	王贺	设计部	850	600	100
4	张二	研发部	1000	550	150
5	尚珊	销售部	800	800	200
6	刘涛	设计部	900	600	110
7	高兴	研发部	1200	800	150
8	赵蕾	设计部	1100	600	100
9	孙峰	研发部	1300	500	150
10	王力	设计部	900	600	100
11	苗苗	研发部	1000	500	150
12	刘默	销售部	800	1000	200
13	赵丽	销售部	800	1100	200

【实验步骤】

1. 工作表的管理

(1) 启动 Excel 2010，在 Sheet1 工作表中按【样表 4-3】完成数据的输入。

(2) 右击工作表中的 Sheet1 标签，在弹出的菜单中单击"移动或复制"命令，打开"移动或复制工作表"对话框，选中 Sheet2 选项，选中"建立副本"复选框，如图 4-53 所示。

(3) 单击"确定"按钮，将增加一个复制的工作表，它与原来的工作表中的内容相同，默认名称为 Sheet1(2)，效果如图 4-54 所示。

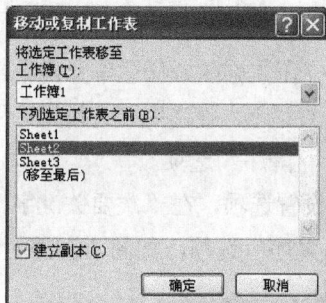

图 4-53　"移动或复制工作表"对话框　　　　　　图 4-54　复制后的工作表

(4) 用同样的方法创建另一张工作表，创建完成后，其默认名称为 Sheet1(3)。

(5) 右击工作表 Sheet1 标签，在弹出的菜单中单击"重命名"命令，如图 4-55 所示，然后在标签处输入新的名称"排序"，如图 4-56 所示。

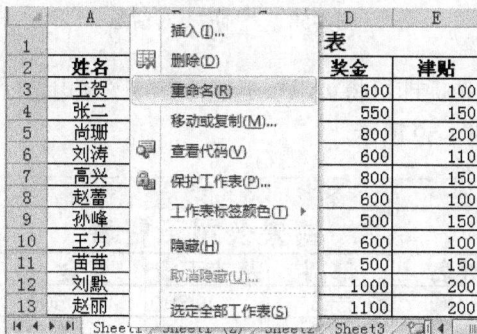

图 4-55　选择"重命名"菜单命令

图 4-56　重命名后的工作表效果图

(6) 用同样的方式修改 Sheet1(2)和 Sheet1(3)工作表的名称。

(7) 右击工作表 Sheet2 标签，在弹出的菜单中单击"删除"命令，则删除该工作表标签。用同样的方法将工作表 Sheet3 删除，删除后的效果如图 4-57 所示。

图 4-57　删除后的工作表效果

2. 数据排序

(1) 使用"排序"工作表中的数据，将鼠标指针定位在数据区域任意单元格中，单击功能区中的"数据|排序和筛选|排序"按钮，弹出"排序"对话框。在"主要关键字"下拉列表中选择"基本工资"选项，在"次序"下拉列表中选择"降序"选项。

(2) 单击"添加条件"按钮，增加"次要关键字"设置选项，在"次要关键字"下拉列表中选择"奖金"选项，在"次序"下拉列表中选择"降序"选项，如图 4-58 所示。

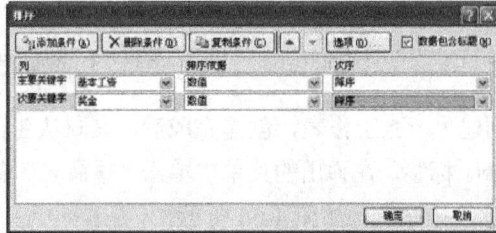

图 4-58　"排序"对话框

(3) 单击"确定"按钮，即可将员工按基本工资降序方式进行排序，基本工资相同则按奖金进行降序排序，如图 4-59 所示。

▲	A	B	C	D	E
1	糖果公司工资表				
2	姓名	部门	基本工资	奖金	津贴
3	孙峰	研发部	1300	500	150
4	高兴	研发部	1200	800	150
5	赵蕾	设计部	1100	600	100
6	张二	研发部	1000	550	150
7	苗苗	研发部	1000	500	150
8	刘涛	设计部	900	600	110
9	王力	设计部	900	600	100
10	王贺	设计部	850	600	100
11	赵丽	销售部	800	1100	200
12	刘默	销售部	800	1000	200
13	尚珊	销售部	800	800	200

图 4-59　排序后的工作表

3. 数据筛选

(1) 使用"筛选"工作表中的数据，将鼠标指针定位在第 2 行任一单元格中，单击功能区中的"数据|排序和筛选|筛选"按钮，这时在第 2 行各单元格中出现如图 4-60 所示的下拉按钮。

(2) 单击"部门"单元格中的下拉按钮，在弹出的下拉列表中选中"设计部"复选框，如图 4-61 所示。单击"确定"按钮，即可筛选出部门为"设计部"的数据。

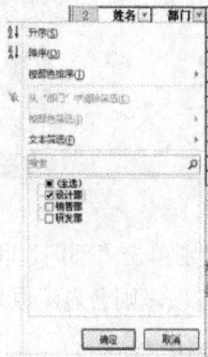

图 4-60　设置筛选后的工作表　　　　　图 4-61　筛选设置

(3) 单击"基本工资"单元格的下拉按钮，在弹出的下拉列表中选择"数字筛选|大于或等于"选项，如图 4-62 所示。

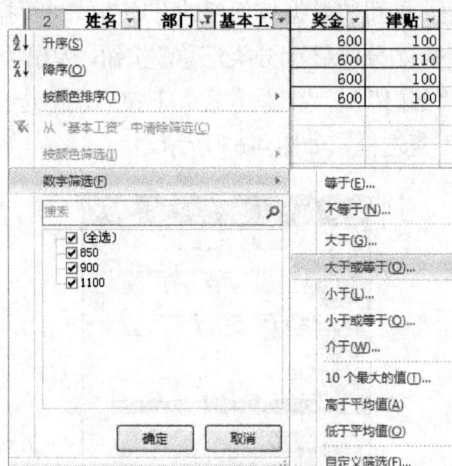

图 4-62　筛选设置

(4) 在打开的"自定义自动筛选方式"对话框中，设置条件为"基本工资大于或等于 900"，如图 4-63 所示。

图 4-63　"自定义自动筛选方式"对话框

(5) 单击"确定"按钮，即可筛选出"基本工资"大于等于 900 的记录，如图 4-64 所示。

图 4-64 自定义筛选后的工作表

(6) 分别单击"部门"和"基本工资"单元格中的下拉按钮，在弹出的下拉列表中选择"全部"选项，则会显示原来所有数据。

4. 分类汇总

(1) 使用"分类汇总"工作表中的数据，将鼠标指针定位在数据区域任意单元格中，单击功能区中的"数据|排序和筛选|排序"按钮，弹出"排序"对话框。在"主要关键字"下拉列表中选择"部门"选项，在"次序"下拉列表中选择"升序"选项。

(2) 单击"确定"按钮，即可将数据按部门的升序方式进行排序。

(3) 单击功能区中的"数据|分级显示|分类汇总"按钮，弹出"分类汇总"对话框。在"分类字段"下拉列表中选择"部门"，"汇总方式"下拉列表中选择"平均值"，"选定汇总项"列表框中"基本工资"复选框，如图 4-65 所示。

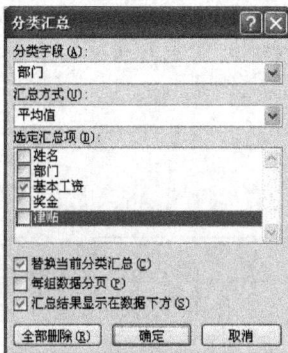

图 4-65 "分类汇总"对话框

(4) 选中"替换当前分类汇总"与"汇总结果显示在数据下方"复选框，单击"确定"按钮，效果如图 4-66 所示。

图 4-66 汇总后的工作表效果图

(5) 单击分类汇总表左侧的减号，即可折叠分类汇总表，结果如图 4-67 所示。

1 2 3		A	B	C	D	E
	1		糖果公司工资表			
	2	姓名	部门	基本工资	奖金	津贴
+	7		设计部 平均值	937.5		
+	11		销售部 平均值	966.667		
+	16		研发部 平均值	1125		
-	17		总计平均值	1013.64		

排序　筛选　分类汇总

图 4-67　折叠分类汇总表效果图

4.3.2　数据透视表和合并计算

【实验内容】

1. 在 Sheet1 工作表中输入"样表 4-4"中的数据，创建数据透视表。

2. 在 Sheet2 工作表中输入"样表 4-5"中的数据，在"成绩分析"中进行"平均值"合并计算。

【样表 4-4】

	A	B	C	D	E
1	体育用品店销售分析表				
2	商品	第一季	第二季	第三季	第四季
3	运动鞋	6800	9200	8600	8200
4	网球拍	4900	4300	5200	4300
5	高尔夫	7200	5100	4200	5700
6	羽毛球拍	2400	1900	2200	2000
7	篮球	1900	2100	2400	2000
8	足球	3200	3400	3100	2900
9	滑板	1300	1900	1500	1800
10	溜冰鞋	900	1700	1500	1100
11	乒乓球	1700	1200	1100	900
12	排球	4100	4400	3500	200
13	哑铃	800	500	1200	900
14	运动护具	2200	2200	2500	2100
15	拳击沙袋	3300	3900	3600	3000

【样表 4-5】

	A	B	C	D	E	F
1	计算机职称考试成绩表					
2	姓名	性别	年龄	职业	科目	总分
3	甲	女	25	教师	中文Windows XP操作系统	92
4	乙	男	28	律师	Excel 2003中文电子表格	86
5	丙	女	26	医生	中文Windows XP操作系统	75
6	丁	女	30	会计	Word 2003中文字处理	94
7	戊	男	45	教师	Internet应用	76
8	己	女	35	医生	Excel 2003中文电子表格	78
9	庚	女	30	律师	Internet应用	96
10						
11					成绩分析	
12					科目	平均分
13						
14						
15						
16						

【实验步骤】

1. 建立数据透视表

(1) 按照【样表 4-4】在 Sheet1 工作表中输入数据。

(2) 单击数据区域中的任意一个单元格，切换至"插入"选项卡，在"表格"组中单击"数据透视表"按钮，弹出"创建数据透视表"对话框，如图 4-68 所示。

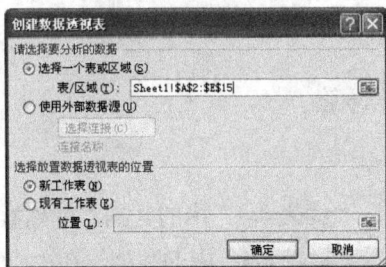

图 4-68 "创建数据透视表"对话框

(3) 单击"确定"按钮，即可创建一个空白的数据透视表，并在窗口的右侧自动显示"数据透视表字段列表"窗格，在其中勾选需要的字段，并在左侧的数据透视表中显示出来，效果如图 4-69 所示。

图 4-69 数据透视表

(4) 选择单元格 B3，切换至"数据透视表工具"的"选项"选项卡，单击"活动字段"组中"字段设置"按钮，弹出"值字段设置"对话框，切换至"值汇总方式"选项卡，在其列表框中单击"最大值"选项，如图 4-70 所示。

(5) 单击"确定"按钮，此时"第一季"的数据在总计项中只显示最大值，效果如图 4-71 所示。

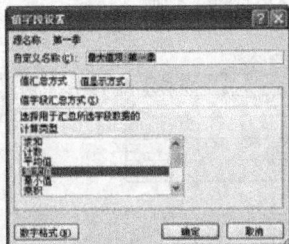

图 4-70 "值字段设置"对话框

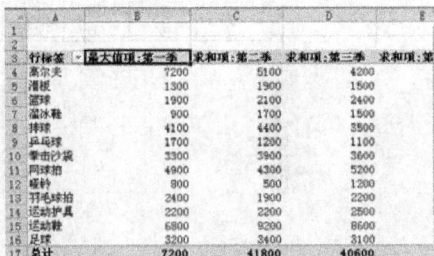

图 4-71 设置后的效果

2. 数据合并计算

(1) 按照【样表 4-5】在 Sheet2 工作表中输入数据。

(2) 将光标定位到"成绩分析"中"科目"下方的单元格中，单击功能区中的"数据|数据工具|合并计算"按钮，弹出"合并计算"对话框，如图 4-72 所示。

(3) 在"合并计算"对话框的"函数"下拉列表中选择"平均值"。

(4) 单击"引用位置"文本框后面的工作表缩略图图标 后，用鼠标选中"科目"和"总分"两列数据，单击"工作表缩略图" 图标返回"合并计算"对话框中。

(5) 单击"添加"按钮，将选择的源数据添加到"所有引用位置"列表框中。

(6) 在"标签位置"组合框中，选中"最左列"复选框，如图 4-73 所示。

(7) 单击"确定"按钮，返回工作表，完成效果如图 4-74 所示。

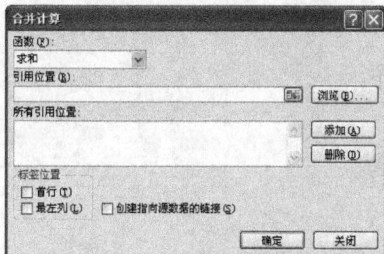

图 4-72　"合并计算"对话框

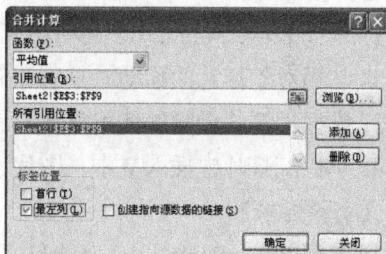

图 4-73　"合并计算"对话框

图 4-74　合并计算后工作表效果图

实验五 PowerPoint 2010操作

实验 5.1 演示文稿的建立和格式化

【实验目的】

1. 掌握 PowerPoint 2010 启动和退出的操作方法。

2. 掌握对幻灯片的移动、复制和删除等基本操作。

3. 掌握幻灯片母版的使用方法。

4. 掌握幻灯片中插入文本、图片、艺术字的方法。

【实验要求】

1. 掌握 PowerPoint 2010 启动和退出的方法。

2. 掌握幻灯片的基本操作。

3. 熟练使用幻灯片母版的操作方法。

4. 掌握幻灯片中插入文本、图片、艺术字的方法。

5.1.1 幻灯片的基本操作

【实验内容】

1. 启动 PowerPoint 2010，新建 3 张幻灯片。

2. 修改第二张幻灯片的版式。

3. 将第二张幻灯片向后移动一个位置。

4. 将前两张幻灯片设置为一个节，将后两张幻灯片设置为另一个节。

5. 删除最后一张幻灯片。

6. 将演示文稿保存在桌面上，文件名为 work1.pptx，文件类型为"演示文稿"，然后退出 PowerPoint 2010。

【实验步骤】

1. 启动 PowerPoint 2010 并新建幻灯片

(1) 在 Windows 桌面上单击"开始"按钮，在弹出的开始菜单中选择"开始|所有程序|Microsoft office|Microsoft office PowerPoint 2010"命令，启动 PowerPoint 2010。

(2) 单击功能区中的"开始|幻灯片|新建幻灯片"按钮，在弹出的菜单中选择要新建的幻灯片版式，即可创建一张新的幻灯片。

2. 更改幻灯片版式

(1) 在"大纲幻灯片"视图窗格中右击幻灯片,在弹出的快捷菜单中选择"版式"命令。

(2) 在版式列表中选择第二行第一个版式,即"两栏内容",如图 5-1 所示,单击鼠标左键更改第二张幻灯片版式设置。

图 5-1 幻灯片版式选择

3. 移动或复制幻灯片

(1) 在"大纲幻灯片"视图窗格中单击第二张幻灯片,同时按住鼠标左键,将其拖到第三张幻灯片的下方,释放鼠标左键,完成移动。

(2) 也可右击第二张幻灯片,在弹出的快捷菜单中选择"剪切"命令。然后右击第三张幻灯片并在弹出的快捷菜单中选择"粘贴选项"中的"使用目标主题"命令,则可将第二张幻灯片移动到第三张幻灯片的下方。

4. 为幻灯片分节

(1) 在"大纲幻灯片"视图窗格中右击第三张幻灯片,在弹出的快捷菜单中选择"新增节"命令,在幻灯片的上方将添加一个名为"无标题节"的新节分隔标记。

(2) 右击节分隔标记,在弹出的快捷菜单中选择"重命名节"命令,打开如图 5-2 所示的"重命名节"对话框,输入节的名称"第一组节"。单击"重命名"按钮,完成节名称的修改。

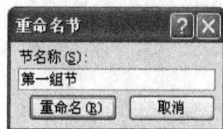

图 5-2 "重命名节"对话框

(3) 按照同样的方式将后两张幻灯片设置为一个节,并重新命名"无标题节"。

5. 删除幻灯片

在"大纲幻灯片"视图窗格中右击第四张幻灯片,在弹出的快捷菜单中选择"删除"命令,即可完成删除幻灯片操作。

6. 保存并退出幻灯片

(1) 选择"文件|保存"命令,若是第一次存盘将会出现"另存为"对话框。否则不会出现该对话框,直接按原路径及文件名存盘。

(2) 确定文件的保存位置,并在"文件名"文本框中输入要保存的文件名称。单击"保存类型"下拉按钮选择所要保存的文件类型,单击"保存"按钮,完成保存操作。

5.1.2　幻灯片的格式设置

【实验内容】

1. 在幻灯片视图中添加文本。
2. 文字格式的设置。
3. 添加艺术字及图片。
4. 切换幻灯片视图。
5. 修改幻灯片的母版。

【实验步骤】

1. 利用模板创建幻灯片并添加文本

(1) 选择"文件|新建|样板模板"中的"现代相册",如图 5-3 所示。

(2) 单击"创建"按钮,完成新建演示文稿操作,如图 5-4 所示。

(3) 单击占位符可以添加文字,若没有占位符,可以插入文本框并输入文本。选择"插入|文本|文本框"命令,在其级联菜单"横排文本框"或者"垂直文本框"中选择合适的文本框,单击鼠标左键,鼠标指针呈十字状。然后将指针移到目标位置,按左键拖出合适大小的文本框,在文本框中输入所需文本信息。

图 5-3　选择模板　　　　　　　　　图 5-4　利用模板创建的演示文稿

2. 文字格式的设置

(1) 文字格式可以通过"开始"选项卡"字体"组中的命令来设置,段落格式可以通过"开始"选项卡"段落"组中的命令来设置。第一张幻灯片设置效果如图 5-5 所示。

图 5-5　设置格式后演示文稿的效果

(2) PowerPoint 2010 可以很方便地将现有段落内容直接转换为 SmartArt 图形。单击待转换文字所在的占位符内部区域，然后单击功能区中的"开始|段落|转换为 SmartArt"按钮，并在弹出的列表中选择一种 SmartArt 图形即可。第二张幻灯片设置效果如图 5-6 所示。

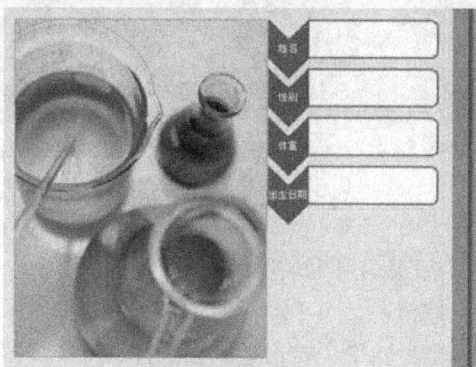

图 5-6　将普通段落转换为 SmartArt 图形

3. 添加艺术字及图片

(1) 选中第三张幻灯片，单击"插入|文本|艺术字"按钮，在其级联菜单中选择一种艺术字样式，输入适当内容，并移至幻灯片中的适当位置。

(2) 选中第三张幻灯片，将其中第一张图片删除，如图 5-7 所示。

图 5-7　重新添加图片

(3) 单击图像占位符，弹出"插入图片"对话框，选择要插入图片的路径，选定图片后单击"插入"按钮。

(4) 也可以右击图片，在弹出的菜单中选择"更改图片"命令，在弹出"插入图片"对话框中选择要插入的图片即可。

4. 幻灯片视图

(1) 单击状态栏的"幻灯片浏览"按钮▦，视图发生变化，如图 5-8 所示。

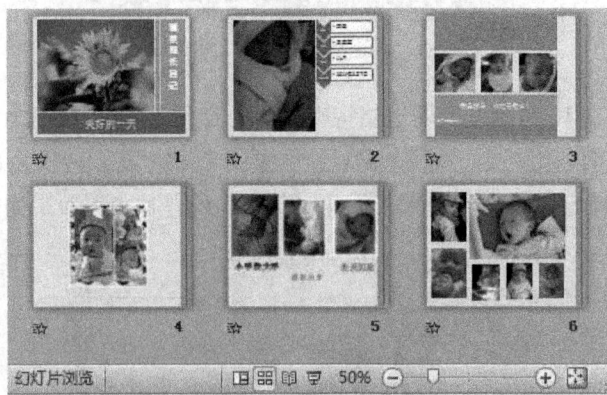

图 5-8　幻灯片浏览视图

(2) 单击"普通视图"按钮▣，回到初始状态。

(3) 单击"阅读视图"按钮▤，可手动浏览幻灯片。

(4) 单击"幻灯片放映"按钮▽，可以放映幻灯片。

5. 修改幻灯片的母版

(1) 单击功能区中的"视图"|"母版视图|幻灯片母版"按钮，切换到幻灯片母版视图，选择幻灯片窗格中的第一张幻灯片。

(2) 单击功能区中的"插入|文本|文本框"按钮，在幻灯片中插入一个文本框，然后在其中输入文字。

(3) 对文字及文本框设置相应格式，完成后效果如图 5-9 所示。

(4) 单击功能区中的"关闭母版视图"按钮，退出幻灯片母版视图。可以发现每张幻灯片的右下角都有相同的文字，而且它们的格式和位置都是一样的，如图 5-10 所示。

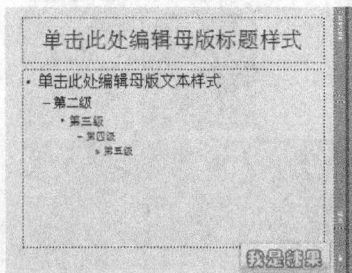

图 5-9　设置文本框和文字的格式

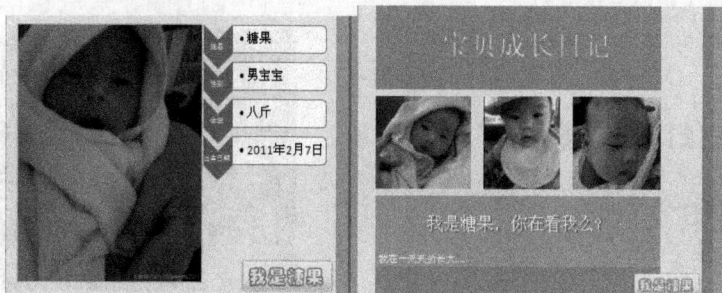

图 5-10   在每张幻灯片中显示固定文字

实验 5.2   对象的使用和幻灯片的放映

【实验目的】

1. 掌握向幻灯片中添加声音及影视作品的方法。

2. 掌握向幻灯片中设置对象的链接方法。

3. 掌握幻灯片的切换方式的设置。

4. 掌握幻灯片的放映技巧。

【实验要求】

1. 在幻灯片中添加动画效果，插入音乐并设置对象的超链接。

2. 实现幻灯片切换方式的设置。

3. 学习幻灯片的放映技巧。

5.2.1   对象的使用

【实验内容】

1. 新建演示文稿，并按要求完成幻灯片内容设置。

2. 增加动画效果。

3. 插入音乐，并设置音乐播放时间。

4. 设置对象的超级链接。

【实验步骤】

1. 选择主题，输入幻灯片内容

(1) 新建一个演示文稿，在"设计"选项卡"主题"组中选择一个主题形式。

(2) 在第一张幻灯片中输入如 5-11 所示的内容。

(3) 添加第二张幻灯片，单击功能区中的"插入|图像|图片"按钮，弹出"插入图片"对话框，在该对话框中选择图形插入，效果如图 5-12 所示。

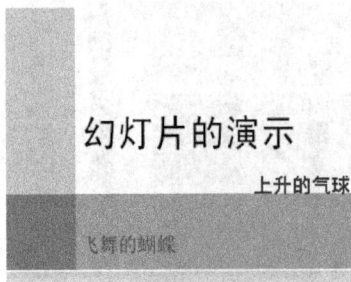

图 5-11　第一张幻灯片效果图　　　　　　　图 5-12　第二张幻灯片效果图

(4) 添加第三张幻灯片，单击功能区中的"插入|插图|形状"按钮，在弹出的菜单中选择"椭圆"和"线条"，绘制"蝴蝶"图案，自行设置其中的颜色，并将所绘图形进行组合设置，效果如图 5-13 所示。

图 5-13　第三张幻灯片效果图

2. 添加动画效果

(1) 选中第二张幻灯片中任一个"气球"图片，在功能区中的"动画|动画"下拉列表中选择一种动画效果，如图 5-14 所示。

图 5-14　从动画列表中选择预置动画

(2) 按照此方式设置所有气球的"动作路径"为"直线"，效果如图 5-15 所示。

图 5-15 设置动作路径后的效果

(3) 选中第三张幻灯片，为"蝴蝶"图形设置一种动作效果。

3. 向幻灯片中添加声音文件

(1) 选中第一张幻灯片，单击功能区中的"插入|媒体|音频"按钮，在弹出的菜单中选择"文件中的音频"命令，然后在打开的对话框中选择声音文件，并单击"确定"按钮，即可将声音插入到当前幻灯片中，此时会在当前幻灯片中出现一个声音图标 。

(2) 选中声音图标，在"播放"选项卡下的"格式"组中可对图标进行简单的设置：大小、位置、颜色，样式等。

(3) 选中声音图标，在"播放"选项卡下的"音频选项"组选中"循环播放，直到停止"和"播完返回开头"复选框，如图 5-16 所示。

(4) 选中声音图标，单击功能区中的"动画|动画窗格"按钮，在右侧出现的"动画窗格"中，可对声音文件进行高级设置，如图 5-17 所示。

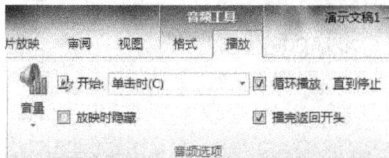

图 5-16 播放声音设置

图 5-17 选择声音"效果选项"菜单

(5) 在弹出如图 5-18 所示的"播放音频"对话框中，设置声音开始播放的时间为"从头开始"，设置声音停止播放的时间为"在第 3 张幻灯片后"。

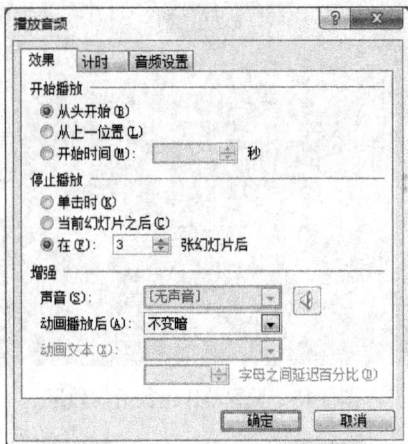

图 5-18 "播放音频"对话框

4. 设置对象的超级链接

(1) 选定要链接的文本，单击功能区中的"插入|链接|超链接"按钮，弹出"插入超链接"对话框，如图 5-19 所示。

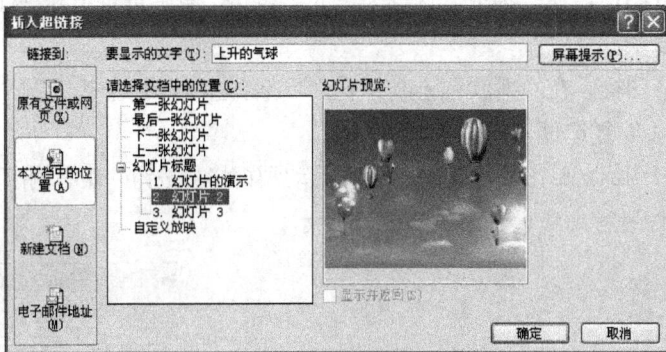

图 5-19 "插入超链接"对话框

(2) 选中第一张幻灯片，分别对文字"上升的气球"和"飞舞的蝴蝶"设置超链接，使前者链接到第二张幻灯片，后者链接到第三张幻灯片。

(3) 保存幻灯片至桌面，文件名为"幻灯片演示.pptx"。

5.2.2 幻灯片的放映

【实验内容】

1. 设置幻灯片的切换方式。

2. 插入动作按钮并设置超链接。

3. 幻灯片的放映切换。

4. 在放映前排练幻灯片。

5. 在放映时标注幻灯片。

6. 设置绘图笔颜色。

【实验步骤】

1. 设置幻灯片的切换方式

(1) 打开桌面上的"幻灯片演示 .pptx"幻灯片，选定第一张幻灯片，打开功能区中的"切换|切换到此幻灯片"下拉列表，选择所需的切换动画。

(2) 单击功能区中的"转换|预览|预览"按钮，播放动画效果以观察是否符合要求。

(3) 在"计时"组中单击"全部应用"按钮；选中"单击鼠标时"复选框，并将"设置自动换片时间"微调框中的时间间隔设置为 00:03.00，如图 5-20 所示。

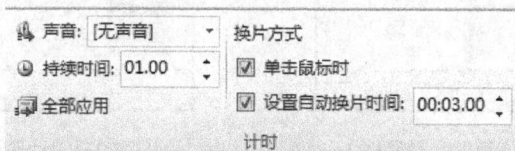

图 5-20　幻灯片切换操作

2. 插入动作按钮并设置超链接

(1)选中第一张幻灯片，打开功能区中的"插入|插图|形状"下拉列表，选择动作按钮，如图 5-21 所示。

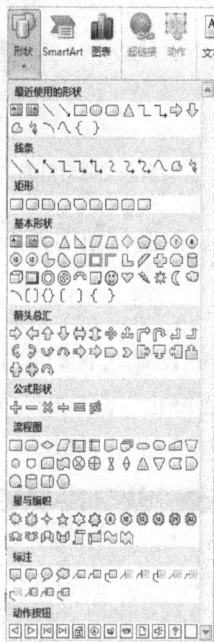

图 5-21　选择动作按钮

(2) 在当前的幻灯片中拖动鼠标创建动作按钮，同时弹出"动作设置"对话框。

(3) 在"超链接到"列表框中，选择"下一张幻灯片"选项，如图 5-22 所示，单击"确定"按钮。在幻灯片放映时，单击该按钮，即可放映下一张幻灯片。

(4) 用同样的方法插入另一个按钮◁，在"超链接到"列表框中选择"幻灯片"选项，然后单击"确定"按钮，如图 5-23 所示。

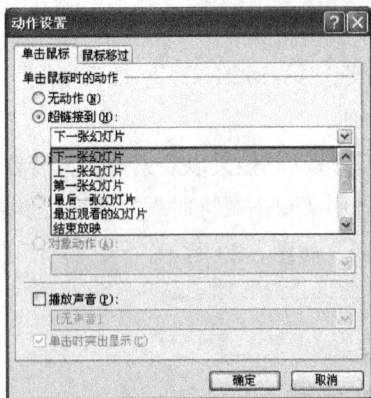

图 5-22　"动作设置"对话框 1　　　　图 5-23　"动作设置"对话框 2

(5) 这时打开"超链接到幻灯片"对话框，在"幻灯片标题"列表中选择"2. 幻灯片 2"，如图 5-24 所示。

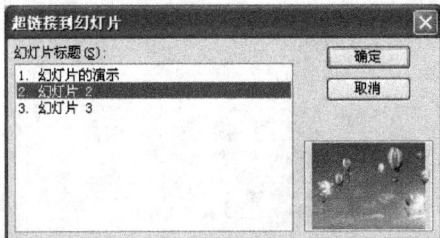

图 5-24　"超链接到幻灯片"对话框

(6) 选中动作按钮，拖动控制点，改变按钮的大小并调至合适位置。

3. 幻灯片的放映切换

(1) 单击功能区中的"幻灯片放映|设置|设置幻灯片放映"按钮，弹出"设置放映方式"对话框，选中"循环放映，按 ESC 键终止"复选框，如图 5-25 所示。单击"确定"按钮，这样可以循环放映幻灯片，按 Esc 键即可终止放映。

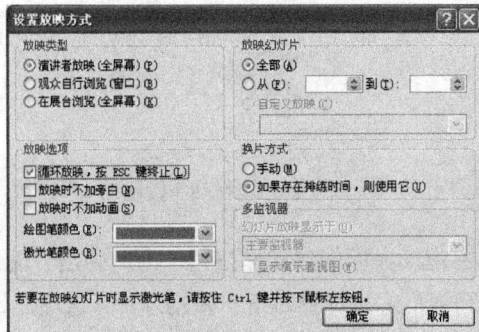

图 5-25　"设置放映方式"对话框

(2) 按 F5 键开始放映幻灯片，右击正在放映的幻灯片，在弹出的快捷菜单中选择"定位至幻灯片"命令，在级联菜单中选择相应的幻灯片即可快速切换到所选的幻灯片。

4. 排练幻灯片

可以设置每幅幻灯片放映时间的长短，具体有两种操作方法：

(1) 可以在功能区中的"切换"|"计时"组中设置"自动换片时间"。

(2) 在排练幻灯片放映的过程中设置放映时间：单击功能区中的"幻灯片放映|设置|排练计时"按钮，然后用鼠标控制幻灯片的演示，放映每张幻灯片所用的时间将自动记录下来，并应用到下一次的放映。

5. 标注幻灯片

在放映幻灯片的过程中，可以用鼠标在幻灯片上画图或标注。操作方法有两种。

(1) 在放映过程中，右击鼠标，在弹出的快捷菜单中选择"指针选项"命令，其中包含若干种绘图笔类型，可任意选择其中一种。

(2) 直接按 Ctrl+P 组合键将鼠标指针变为画笔形状，拖动鼠标，就可以在屏幕上绘制出线段轨迹。

(3) 画完后，再次右击鼠标，在弹出的快捷菜单中选择"指针选项|箭头"命令，或按 Esc键，则可以返回放映状态。

(4) 若要在幻灯片放映时显示激光笔，则按住 Ctrl 键的同时按住鼠标左键。释放鼠标时激光笔则消失。

6. 设置绘图笔的颜色

绘图笔的颜色有两种方法可以设置。

(1) 在放映时的快捷菜单中，可以选择几种基本的颜色。

(2) 单击功能区中的"幻灯片放映|设置|设置幻灯片放映"按钮，弹出"设置放映方式"对话框，在其中可以设置绘图笔及激光笔的颜色。

实验六 Internet操作

实验 6.1 网络配置与网络资源共享设置

【实验目的】

1. 了解网络基本配置中包含的协议、服务和基本参数。

2. 掌握 IP 地址的设置方法，并会利用 ipconfig 命令查看网卡信息。

3. 了解 Ping 命令的作用及简单的使用方法。

4. 掌握网络资源共享的设置方法。

【实验要求】

1. 查看当前使用计算机的主机名称和网络参数。

2. 查看 Internet 协议属性并进行相关设置。

3. 利用 ipconfig 命令查看本机网卡信息。

4. 利用 Ping 命令查看网络连通性。

5. 设置本地文件夹为共享文件夹，并设置共享参数。

6. 对局域网中可共享的资源设置网络驱动器映射，并进行访问。

6.1.1 网络配置管理

【实验内容】

1. 查看所有计算机的名称和所属工作组。

2. 配置局域网。

【实验步骤】

1. 查看所有计算机的名称和所属工作组

"系统属性"窗口主要用于设置计算机属性，查看所使用计算机的工作组。计算机名称主要用在网络中互访，网络协议按照"计算机名"来识别网络中的各台计算机。当其他用户浏览网络时，可以看到该计算机的名称。

打开"系统属性"对话框的方法主要有以下两种。

(1) 在桌面上右击"我的电脑"图标，在弹出的快捷菜单中选择"属性"命令，然后在"属性"命令中选择"更改设置"。

(2) 打开"控制面板"窗口，选择"系统和安全" | "系统"命令，在弹出的窗口中选择"更改设置"选项。即可打开"系统属性"对话框。如图 6-1 所示，在打开的"计算机名"

选项卡中，查看所用计算机名称及所在工作组。

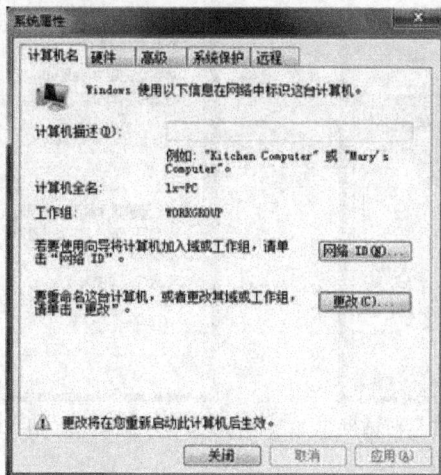

图 6-1　"系统属性"对话框

2. 配置局域网

(1) 选择"开始/控制面板"命令，打开"控制面板"窗口，如图 6-2 所示。

(2) 单击"网络和 Internet"下的"查看网络状态和任务"超链接，打开"网络和共享中心"窗口，如图 6-3 所示。

图 6-2　"控制面板"窗口

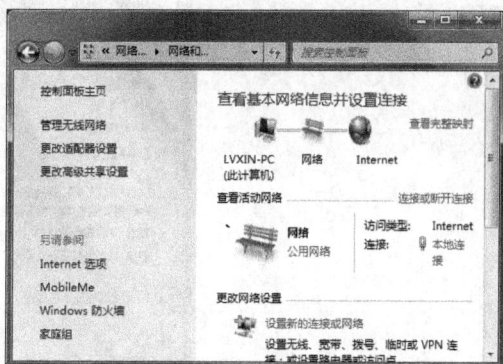

图 6-3　"网络和共享中心"窗口

(3) 双击"网络连接"窗口中的"本地连接"图标，打开"本地连接 状态"对话框，点击"属性"按钮，打开"本地连接 属性"对话框，如图 6-4 所示。

(4) 在"本地连接 属性"对话框中，双击"此连接使用下列项目"列表中的"Internet 协议版本 4(TCP/IPv4)"选项，打开"Internet 协议版本 4(TCP/IPv4)属性"对话框，如图 6-5 所示。

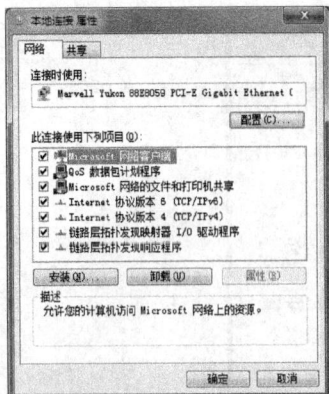

图 6-4　"本地连接 属性"对话框　　　　　图 6-5　"Internet 协议(TCP/IP)属性"对话框

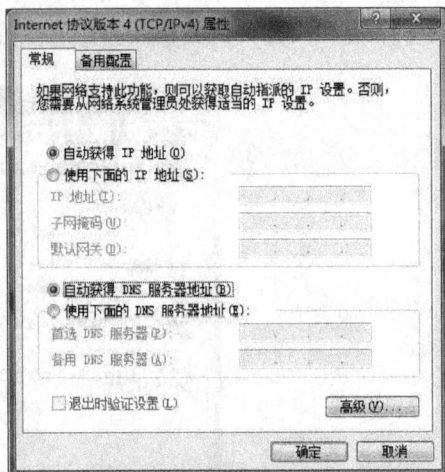

(5) 在"Internet 协议版本 4(TCP/IPv4)属性"对话框中选中"使用下面的 IP 地址"单选按钮,在"IP 地址"与"默认网关"中文本框中分别输入 IP 地址和网关地址,单击"子网掩码"文本框,系统将根据 IP 地址自动分配子网掩码,在"使用下面的 DNS 服务器地址"栏的"首选 DNS 服务器"和"备用 DNS 服务器"文本框中输入 DNS 服务器地址,如图 6-6所示。

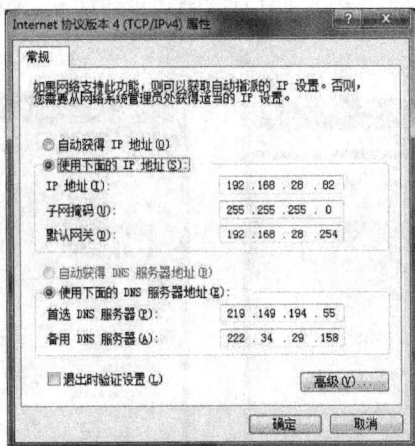

图 6-6　设置 IP 地址

(6) 依次单击"确定"按钮,完成本地连接 TCP/IP 属性的设置。

6.1.2　网络资源共享设置

【实验内容】

1. 设置本地文件夹为共享文件夹,文件夹中的内容能被网上所有用户访问,但不允许其他用户增加、更改或删除其中的内容。

2. 对局域网中可共享的资源设置网络驱动器映射,并进行访问。

【实验步骤】

1. 设置共享文件夹

(1) 在本地计算机 D 盘根目录下建立名为 candy 的文件夹。并从当前磁盘中任意选择一个 Excel 文件复制到所建立的文件夹内。

(2) 右击 candy 文件夹图标，在弹出的快捷菜单中选择"共享/特定用户"命令。

(3) 打开"文件共享"窗口，单击文本框后面的 按钮，在弹出的下拉列表中选择 Everyone 选项，如图 6-7 所示。

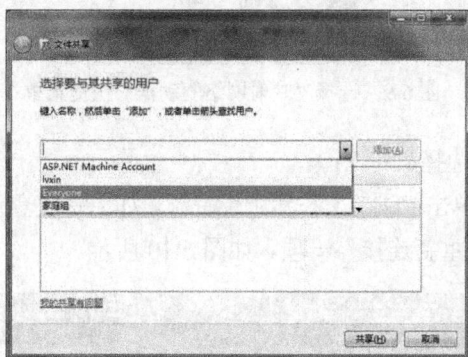

图 6-7　添加共享帐户

(4) 单击"添加"按钮，添加用户，选择 Everyone 选项，并单击其右侧的 按钮，在弹出的下拉列表中选择"读取"选项，如图 6-8 所示。

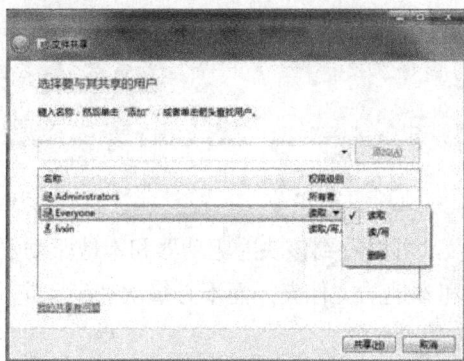

图 6-8　选择共享帐户

(5) 单击"共享"按钮，打开共享成功对话框，单击"确定"按钮，关闭对话框，完成网络资源共享。

2. 映射网络驱动器

将网络共享驱动器(或共享文件夹)设置为本地计算机上的驱动器盘符，称为映射网络驱动器。

(1) 右击桌面上的"网络"图标，选择"映射网络驱动器"命令，如图 6-9 所示，即可打开"映射网络驱动器"对话框。

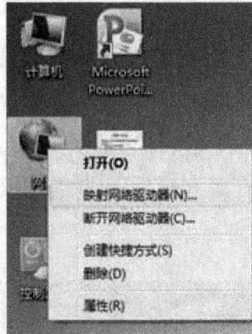

图 6-9　选择"映射网络驱动器"快捷菜单

(2) 在"驱动器"中选择盘符 Z：。

(3) 在"文件夹"中单击"浏览"按钮定位资源。如果每次登录网络时都要建立该链接，可选择对话框中"登录时重新连接"一项。如图 6-10 所示。

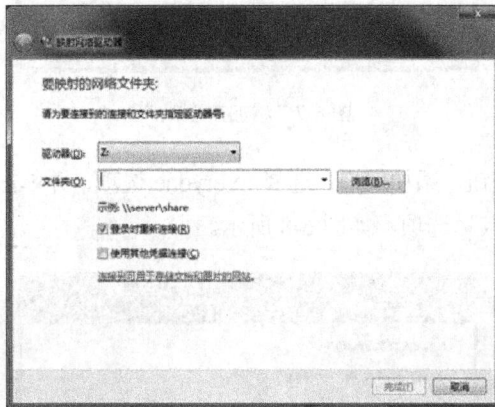

图 6-10　"映射网络驱动器"对话框

(4) 打开"我的电脑"，可以看到该映射驱动器和本地驱动器排列在一起。网络驱动器映射可以方便地访问远程和本地的文件夹，而不必每次都浏览定位。

6.1.3　查看网卡信息

【实验内容】

1. 在命令提示符状态下，利用 ipconfig 命令查看本机网卡地址。

2. 用 Ping 命令测试网络连接性。

【实验步骤】

1. 查看本地网卡地址

(1) 使用快捷键 Win+R 弹出"运行"对话框，在输入框中输入 cmd 或是 command 命令，如图 6-11 所示。

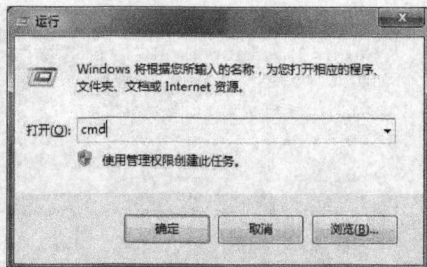

图 6-11　"运行"对话框

(2) 单击"确定"按钮，进入 Windows 命令行状态，在命令行中输入 ipconfig/all 命令，如图 6-12 所示。

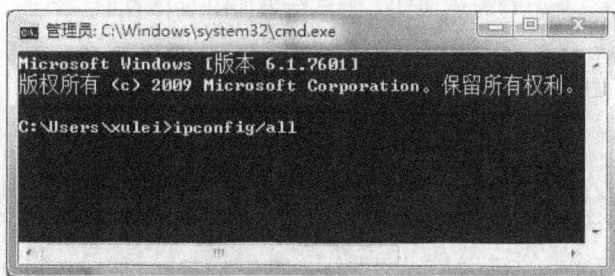

图 6-12　Windows 命令行

(3) 按 Enter 键就可以查看到计算机的网卡地址及 IP 地址等相关信息，如图 6-13 所示。

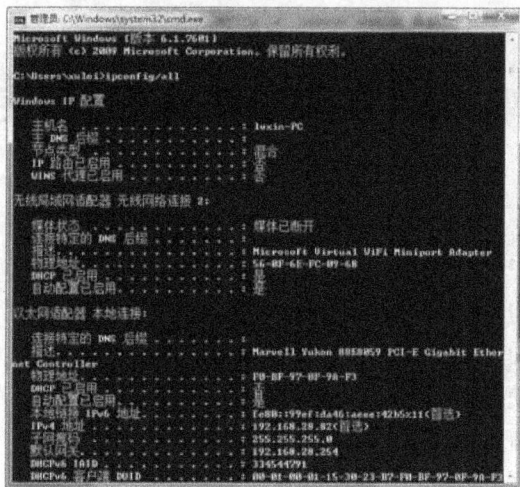

图 6-13　地址信息

2. 网络连通测试

(1) 测试本机连通性。在 Windows 命令行中输入 Ping 127.0.0.1 命令，按 Enter 键之后，可以根据应答信息判定本机连通情况。测试结果如图 6-14 所示，表明本机回路连通。

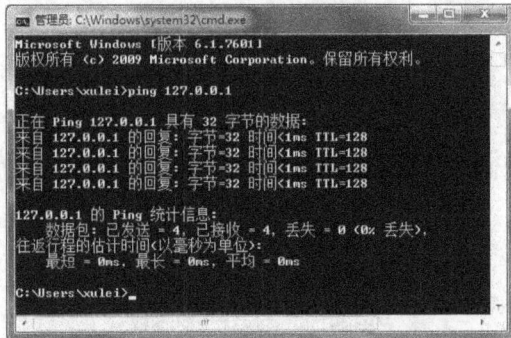

图 6-14　本地连通性测试

(2) 测试与 www.163.com 服务器的连通性，在 Windows 命令行输入 Ping www.163.com 命令，按 Enter 键确认后，查看连通性。测试结果如图 6-15 所示。

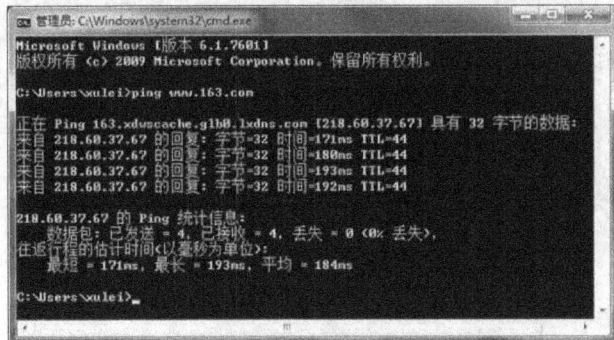

图 6-15　网络连通性测试

实验 6.2　IE 浏览器的设置与使用

【实验目的】

1. 熟悉 Internet 选项的设置。

2. 掌握 IE 浏览器的启动与关闭方法。

3. 掌握搜索信息的基本使用方法。

4. 掌握收藏夹的使用方法。

5. 掌握保存网页信息的操作方法和网络资源的下载方法。

【实验要求】

1. 设置 Internet 选项中的主页、Internet 临时文件和历史记录。

2. 浏览长春理工大学光电信息学院主页的相关内容，保存网页信息。

3. 下载制定资源。

4. 保存网页中的文字及图片。

6.2.1 IE 浏览器的设置

【实验内容】

1. 设置 www.csoei.com 为主页。

2. 删除临时文件和历史记录。

3. 设置 Internet 临时文件夹所用空间为 250MB，设置网页保存在历史记录中的天数为 10 天。

【实验步骤】

1. 设置 www.csoei.com 为启动 IE 浏览器时的默认主页

(1) 启动 IE 浏览器，单击命令栏中的"工具"按钮，在弹出的下拉菜单中选择"Internet 选项"命令，如图 6-16 所示。

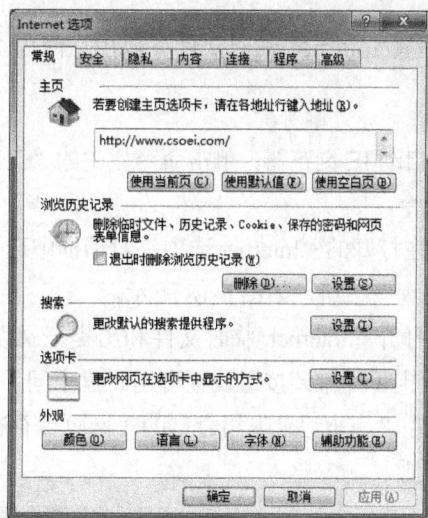

(2) 在打开的"Internet 选项"对话框中选择"常规"选项卡，在"主页"文本框中输入主页网址，如图 6-17 所示。

图 6-16 "工具"下拉菜单　　图 6-17 "Internet 选项"对话框

(3) 依次单击"应用"和"确定"按钮，完成主页的设置。

2. 删除临时文件和历史记录

(1) 启动 IE 浏览器，单击命令栏中的"工具"按钮，在弹出的下拉菜单中选择"Internet 选项"命令。

(2) 在打开的"Internet 选项"对话框中选择"常规"选项卡，单击"浏览历史记录"栏中的"删除"按钮，如图 6-18 所示。

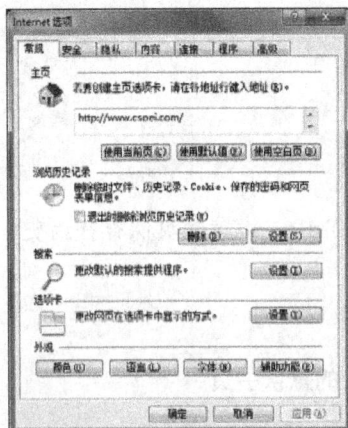

图 6-18　"Internet 选项"对话框　　　　　图 6-19　删除历史记录

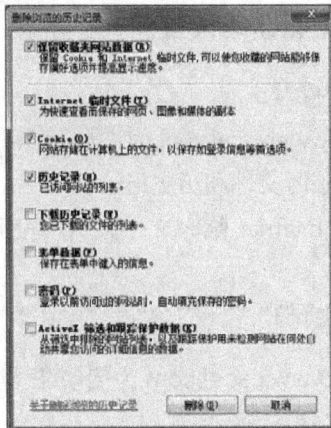

(3) 打开"删除浏览的历史记录"对话框，选中相关历史记录项目前面的复选框，单击"确定"按钮，返回"Internet 选项"对话框，单击"确定"按钮，关闭该对话框，完成删除历史记录操作，如图 6-19 所示。

3. 设置 Internet 临时文件夹所用空间为 250MB,设置网页保存在历史记录中的天数为 10 天。

(1) 启动 IE 浏览器，单击命令栏中的"工具"按钮，在弹出的下拉菜单中选择"Internet 选项"命令。

(2) 在打开的"Internet 选项"对话框中选择"常规"选项卡，单击"浏览历史记录"栏中的"设置"按钮，如图 6-18 所示。

(3) 打开"Internet 临时文件和历史记录设置"对话框，在"要使用的磁盘空间"输入 250MB，也可用微调按钮设置可用磁盘空间，如图 6-20 所示。

(4) 在"历史记录"组合框的"网页保存在历史记录中的天数"文本框中输入历史记录的保存天数。

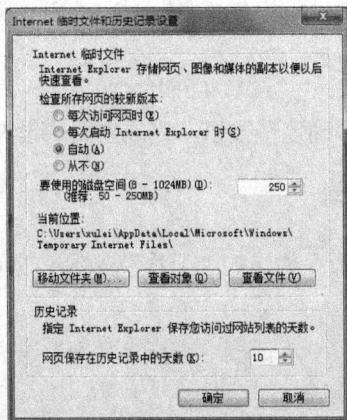

图 6-20　"Internet 临时文件和历史记录设置"对话框

6.2.2　IE 浏览器的使用

【实验内容】

1. 登录长春理工大学光电信息学院网站 www.csoei.com，将网页保存到本机桌面上。

2. 登录网站"百度"，并搜索 QQ，找到相关的信息，然后下载到本地电脑中。

【实验步骤】

1. 登录长春理工大学光电信息学院网站 www.csoei.com，将网页保存到本机中。

(1) 打开 IE 浏览器，在地址栏中输入 http：//www.csoei.com。IE 具有记忆网址的功能，对于以前曾访问的网址，输入网址的前几个字母，地址栏就会自动出现下拉列表显示以这几个字母开头的完整的 URL 可供选择，如图 6-21 所示。

图 6-21　登陆"长春理工大学光电信息学院"网站首页

(2) 选择"文件"|"另存为"命令，如图 6-22 所示。打开"保存网页"对话框。

图 6-22　选择"另存为"命令

(3) 如图 6-23 所示，在"保存网页"对话框中选择网页文件保存的位置，在"文件名"文本框中输入要保存的文件名，单击"保存"按钮。

(4) 保存在桌面上的是一个 HTML 文件和一个同名文件夹，网页文件中插入的图片或其他对象都保存在这个同名文件夹下。

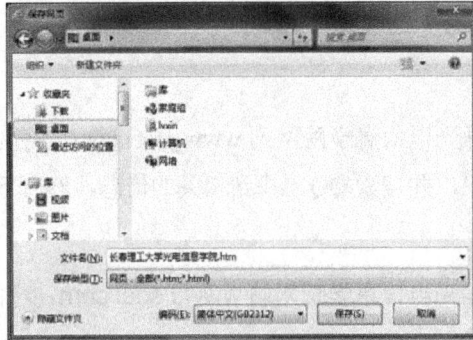

图 6-23　　"保存网页"对话框

2. 搜索并下载 qq

(1) 打开 IE 浏览器,在 IE 浏览器的地址栏中输入百度搜索引擎的网址 http://www.baidu.com,按 Enter 键打开百度首页。

(2) 在搜索文本框中输入关键字 QQ,单击"百度一下"按钮,如图 6-24 所示。

图 6-24　　输入关键字 QQ

(3) 网站开始搜索 QQ 相关信息,并在网页中显示全部搜索结果,如图 6-25 所示。

(4) 在"百度"搜索到 QQ 信息后,选择比较合适的条目,单击对应的超链接进入,这里单击第一个超链接。

(5) 打开 I'M QQ 网页,选择需要的 QQ 版本,这里默认选择最新版本,单击"立即下载"按钮,如图 6-26 所示。

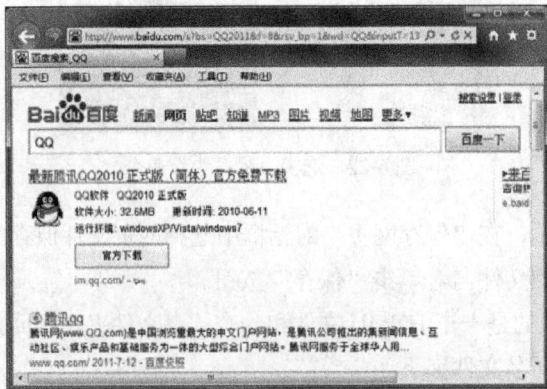

图 6-25　　搜索结果

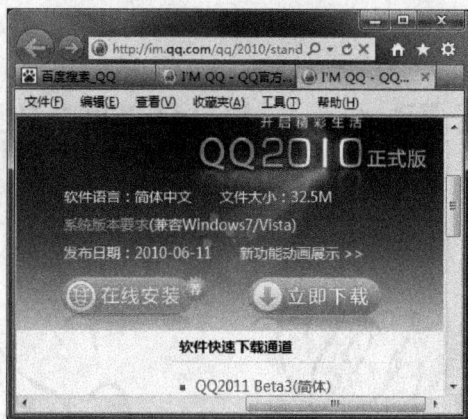

图 6-26　软件页面

（6）打开"文件下载"对话框，单击"确定"按钮，打开"另存为"对话框，选择文件保存路径，单击"确定"按钮，开始下载文件，并打开下载进度对话框。

（7）文件下载完毕后，单击相应按钮可对其进行"运行"、"打开文件夹"或"关闭"操作，单击"关闭"按钮，关闭对话框并完成下载。

（8）如果下载的文件比较大或需经常下载资料，可选择安装专门的下载工具，如"迅雷"、"网际快车"等，这些下载软件可使下载速度明显加快，并且支持断点接续。

附录1 上机测试题

Word 试题

天使之城

当陌生是自由也赠送不安
当名字是字母爱怎么换算
这是哪里离梦多远
但这里有阳光

我的天使你在什么地方
一会像在身旁一会在他方
想起你的脸庞时远时近
心脏有了重量
天堂不在远方

✐ 当公路通往下条公路远方

✐ 当地图不标示快乐或悲伤

输入公式

$$f'(x_0) = \lim_{x \to x_0} \frac{f(x) - f(x_0)}{x - x_0}$$

输入公式

Word 题目要求：

1.页眉 2.文本框 3.艺术字 4.字体、字号、下划线、1.5 倍行距 5.边框、底纹 6.项目符号 7.输入公式 8.公式格式 9.绘制图形 10.文本框复制和艺术字旋转

Excel 试题

一季度个人财政预算
（食品开销除外）

每月净收入 ——→ ￥1,475.00

	一月	二月	三月	季度总和
房租	￥600.00	￥600.00	￥600.00	
电话	￥48.50	￥89.50		
电费	￥67.50	￥132.50	￥76.00	
汽车燃油	￥100.00	￥250.00	￥90.00	
汽车保险	￥150.00			
有线电视	￥12.00	￥12.00	￥12.00	
零散花费	￥300.00	￥580.00	￥110.00	
每月支出	￥1,278.00	￥1,664.00	￥888.00	
节余				

此项已超出预算

季度总和

房租 47%
电话 4%
23%
1%
12%
8%
5%

■ 房租
■ 电话
□ 电费
□ 汽车燃油
■ 汽车保险
□ 有线电视
■ 零散花费

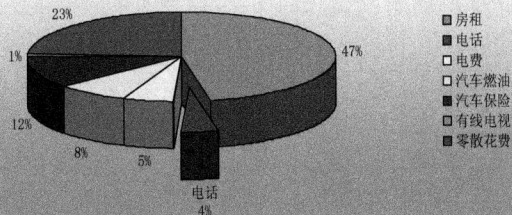

Excel 题目要求

1.输入数据 2.计算(季度总和、每月支出) 3.计算节余 4.标题设计 5.格式设置边框和底纹、数字格式 6.制作图表 7.图标各项颜色填充 8.绘制图形 9.字体格式 10.数据突出显示

Word 试题：

在树上唱歌

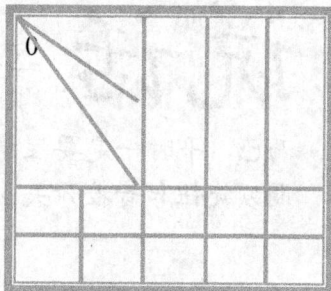

➢ 想要光着脚丫在树上唱歌

➢ 好多事情全被缩小了

➢ 心里不想放的就去了、散了

➢ 让太阳把脸庞晒得红彤彤

☞ 想要光着脚丫在树上唱歌

　　☞ 好多事物全被缩小了

　　☞ 心里不想放的就去了、散了

　　　☞ 让太阳把脸庞晒得红彤彤

Word 题目要求：

1.艺术字　2.特殊符号　3.剪贴画设置　4.文字、段落边框、底纹　5.发光字设置 6.项目符号

7.绘制表格　8.表格边框　9.表格环绕　10.页眉

Excel 试题

学生计算机成绩表					
姓名	作业	期中	上机	期末	总成绩
王1	88	76	80	87	83.6
王2	90	94	97	99	95.8
王3	85	75	89	82	82.6
王4	90	97	90	90	91.4
王5	70	74	76	80	76
最高分	90	97	97	99	95.8

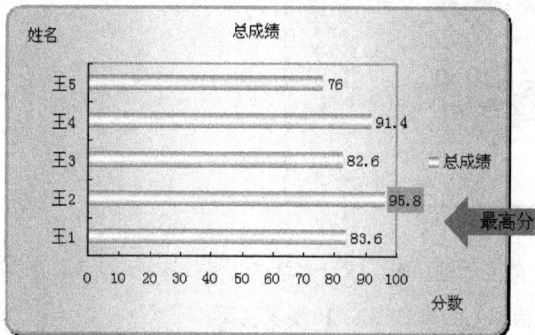

Excel 题目要求：

1.输入表格

2.表格格式(居中、字体格式、数据格式)

3.调整行高和列宽

4.边框和底纹

5.计算总成绩(总成绩中作业占 20%,期中占 20%,上机占 20%,期末占 40%)和最高分

6.按总成绩进行排名次

7.绘制图表

图表格式设置：

8.颜色设置

9.图形绘制

10.数据标志和坐标轴

11.标题设置

Word 试题

生活的秘密

说话

要用脑子,敏事慎言,话多无益,嘴只是一件扬声器而已,平时一定要注意监督、控制好调频旋钮和音控开关,否则会给自己

带来许多麻烦。讲话不要只顾一时痛快,信口开河,以为人家给你笑脸就是欣赏,没完没了地把掏心窝子的话都讲出来,结果让人家彻底摸清了家底。

秘密,还是秘密

说话要用脑子,敏事慎言,话多无益,嘴只是一件扬声器而已,平时一定要注意监督、控制好调频旋钮和音控开关,否则会给自己带来许多麻烦。

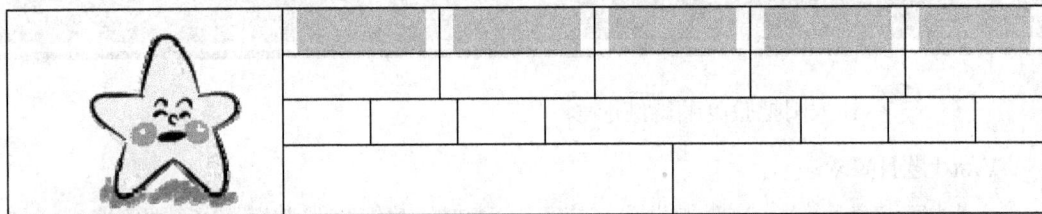

题目要求:

1.输入文字 2.艺术字 3.首字下沉 4.分栏 5.绘制图形 6.边框和底纹 7.绘制表格 8.表格边框 9.图片(任选) 10.页眉

Excel 试题

部分城市消费水平

地区	城市	综合评价指数 生活用品	日用生活品	食品	服装	应急开销	总支出
东北	吉林	91.00	93.00	89.25	94.60	200.50	568.35
东北	长春	87.00	92.00	78.68	93.50	236.00	587.18
东北	哈尔滨	76.00	91.00	88.23	98.00	189.80	543.03
东北	大连	85.00	90.00	91.60	90.00	194.60	551.20
东北	沈阳	91.00	89.00	94.60	96.50	187.50	558.60
华北	郑州	78.00	88.00	92.70	92.00	188.30	539.50
华北	济南	92.00	87.00	90.80	90.50	201.00	561.30
华北	石家庄	83.00	78.00	95.80	87.80	178.90	537.50
华东	南京	76.00	85.00	91.10	89.50	176.00	517.60
	平均值	￥ 85	￥ 89	￥ 90	￥ 92	￥ 195	￥ 552
	最大值	￥ 92	￥ 93	￥ 96	￥ 96	￥ 236	￥ 587
	最小值	￥ 76	￥ 85	￥ 79	￥ 88	￥ 176	￥ 517

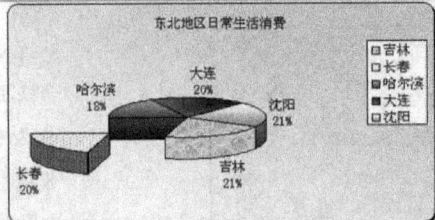

东北地区日常生活消费

哈尔滨 18% 大连 20% 沈阳 21% 吉林 21% 长春 20%

吉林 长春 哈尔滨 大连 沈阳

题目要求:

1.按样文输入数据 2.表格格式 3.调整行高和列宽 4.边框和底纹 5.计算总支出 6.计算平均值、最大、最小值 7.自选图形 8.条件格式(将低于 90 的数据填充为绿色)9.制作图表 10.图表设置

Word 试题

> 曾经在某一个瞬间，我们以为自己长大了，有一天，我们终于发现，长大的含义除了欲望还有勇气和坚强，以及某种必需的牺牲------ 在生活的面前我们还都是孩子，其实我们从未长大，还不懂得爱和被爱♂。

曾经在某一个瞬间，我们以为自己长大了，有一天，我们终于发现，长大的 | 含义除了欲望还有勇气和坚强，以及某种必需的牺牲------ 在生活的面前 | 我们还都是孩子，其实我们从未长大还不懂得爱和被爱。

题目要求：

1.输入文字 2.字体修饰 3.底纹和边框 4.艺术字 5.文本框 6.图形 7.分栏 8.首字下沉 9.绘制表格 10.表格的颜色和边框

Excel 试题

学生成绩一览表

学号	姓名	数学	物理	英语	计算机	平均分	备注
960001	王小 1	80.00	88.00	82.00	91.00		
960002	王小 2	46.00	89.00	92.00	88.00		
960003	王小 3	72.00	73.00	94.00	85.00		
960004	王小 4	68.00	88.50	96.00	82.00		
960005	王小 5	64.00	76.50	98.00	79.00		
960006	王小 6	60.00	76.50	100.00	76.00		
最高分							

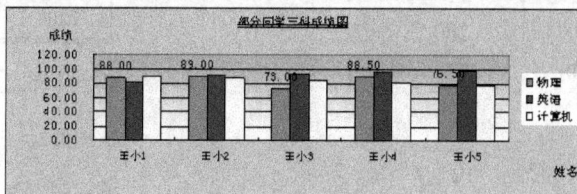

题目要求：

1.按样文输入数据 2.字体修饰(对其、颜色、数值格式) 3.边框和底纹 4.标题设置 5.计算(平均分和最高分) 6.备注栏位用 IF 函数：平均分>80 分填写 good，否则备注为空 7.绘制图表 8.标题 9. 颜色填充 10.坐标轴刻度与数据标志

见或不见

见或不见

➢ 你见或不见 我就在那里 不悲不喜

➢ 你念或不念 情就在那里 不来不去

➢ 你爱或不爱 爱就在那里 不增不减

➢ 你跟或不跟 我的手就在你的手里 不舍不弃

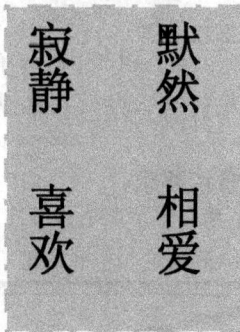

寂静　默然

喜欢　相爱

			合计

Word 题目要求： 1.输入文字 2.艺术字
3.项目符号 4.边框底纹 5.文本框 6.图片 7.图形 8.绘制表格 9.表格边框和底纹 10.页眉

虚构药品公司员工年终奖金分配方案

基本销售额（全年）：80　　　　　　单位：万元

高销售额

姓名	一季度	二季度	三季度	四季度	全年	奖金
王一民	28	30	23	49	130	8
韩巧丽	20	12	20	40	92	2
翟金	15	22	25	35	97	2
冯俊	8	10	21	31	70	0
张明明	15	20	9	28	72	0
总计	86	94	98	183	461	12

Excel 题目要求：

1.输入数据

2.计算：全年和总计值

3.计算奖金

<80	0
80~120	2
>120	

4.表格标题

5.图形

6.绘制图表

7.图标各项边框颜色设置

8.数据系类颜色填充

9.数据标志

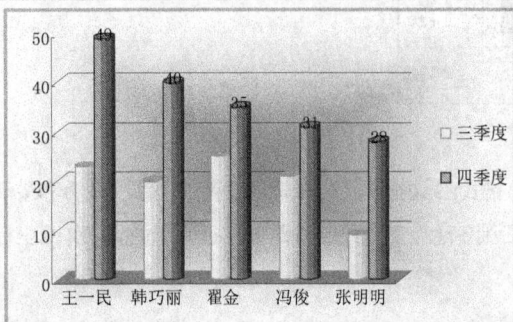

Word 试题

Internet 应用

⊑在 Internet 上存储着巨大的动态信息资源，为了方便用户查询所需信息，目前已出现了许多交互式的查询软件，它们大量采用客户机/服务器方式。

在 Internet 上存储着巨大的动态信息资源，为了方便用户查询所需信息，目前已出现了许多交互式的查询软件，它们大量采用客户机/服务器方式。

Word 题目要求：

1.输入文字 2.文字边框底纹 3 插入特殊符号 4.艺术字 5.绘制表格 6.表格边框底纹 7.分栏 8.图片(任意) 9.文本框 10.插入页眉

Excel 试题

月份╲姓名	一月	二月	三月	各月总和	平均销售额	名次
李明	￥7,000.00	￥6,890.00	￥456.00			
王林	￥4,000.00	￥3,421.00	￥7,908.00			
张涛	￥7,898.00	￥7,700.00	￥6,566.00			
陈强	￥5,664.00	￥6,000.00	￥7,888.00			
赵明明	￥7,665.00	￥4,553.00	￥6,000.00			
石雷	￥3,098.00	￥6,785.00	￥5,890.00			

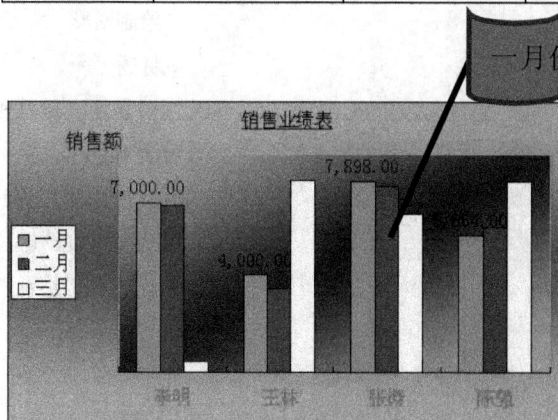

一月份销售

题目要求：

1.输入文字 2.计算

3.排序

4.标头、对齐方式、数字格式

5.边框底纹

6.图标

7.自会图形、图标格式设置

8.图标各项颜色填充

9.图标标题、标志、文字格式

10.图例位置

Word 试题

➤ 慢慢地说，但迅速地想
➤ 当别人问你不想回答的问题时，笑着说"你为什么想知道？"
➤ 记住那些敢于承担最大风险的人才能得到最深的爱和最大的成绩

$$a_n = \frac{1}{\pi} \int_{-\pi}^{\pi} f(\chi) dx$$

> 慢慢地说，但迅速地想。当别人问你不想回答的问题时，笑着说"你为什么想知道？"记住那些敢于承担最大风险的人才能得到最深的爱和最大的成绩。

Word 题目要求：

1.输入文字 2.项目符号 3.艺术字 4.字体设置 5.图片(任选) 6.页边框 7.文字边框 8.绘制图形 9.输入公式 10.插入页眉

Excel 题目

<table>
<tr><td colspan="7" align="center">学生成绩表
1101 班</td></tr>
<tr><td>学号</td><td>姓名</td><td>物理</td><td>化学</td><td>英语</td><td>总分</td><td>平均分</td></tr>
<tr><td>110101</td><td>高1</td><td>45</td><td>90</td><td>67</td><td></td><td></td></tr>
<tr><td>110102</td><td>高2</td><td>76</td><td>78</td><td>64</td><td></td><td></td></tr>
<tr><td>110103</td><td>高3</td><td>87</td><td>30</td><td>87</td><td></td><td></td></tr>
<tr><td>110104</td><td>高4</td><td>89</td><td>80</td><td>30</td><td></td><td></td></tr>
<tr><td>110105</td><td>高5</td><td>80</td><td>86</td><td>89</td><td></td><td></td></tr>
</table>

Excel 题目要求

1.输入文字、自动填充
2.计算(总分和平均分)
3.边框和底纹
4.条件格式(不及格显示红色字体)
5.绘制图形
6.标题
7.图表区和绘图区填充颜色
8.数据系列填充和坐标轴刻度设置
9.数据标志格式
10.图例格式

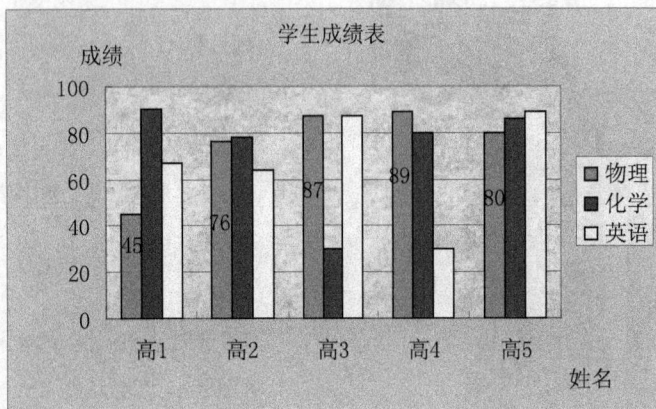

学生成绩表

Word 试题：

题目要求：

1.输入文字 2.字体修饰 3.底纹、边框 4.艺术字 5.文本框 6.图形 7.分栏 8.首字下沉 9.绘制表格
10.表格颜色和边框

按时长大

我一直喜欢下午的阳光。它让我相信这个世界任何事情都会有转机，相信命运的宽厚和美好。
我们终归要长大，带着一种无怨的心情悄悄地长大。
归根到底，成长是一种幸福。

我 一直喜欢下午的阳光。它让我相信这个世界任何事

情都会有转机，相信命运的宽厚和美好。我们终归要 表格

带着一种无怨的心情悄悄地长大。归根到底，成长是一种幸福。

应用

Excel 试题(说明：应发工资为等级与津贴之和；公积金为应发工资的 5%；实发工资为应发工资扣除公积
金。备注字段用 IF 函数表示，津贴大于 1100 的为高，否则为低)

题目要求：1.按样文输入数据   2.计算(应发工资、公积金、实发工资)   3.函数 4.字体、对齐、数值格式
5.边框和底纹 6.图表 7.图表颜色填充   8.图表数据系列标志 9.图表标题 10.图表数据突出显示

工资表格和图表 (二〇〇四)						
姓名	等级工资	津贴	应发工资	公积金	实发工资	备注
王1	100.00	¥1,020.00				低
王2	100.00	¥1,040.00				低
王3	200.00	¥1,060.00				低
王4	300.00	¥1,080.00				低
王5	300.00	¥1,100.00				低
王6	200.00	¥1,120.00				高
王7	400.00	¥1,140.00				高

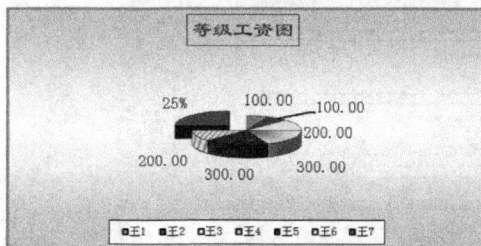

等级工资图

25%   100.00   100.00
                 200.00
200.00   300.00   300.00

□王1 □王2 □王3 □王4 □王5 □王6 □王7

Word 试题

题目要求：

1.按样文输入文字 2.字体修饰(楷体、着重号) 3.发光字 4.文本框 5.艺术字 6.图片(任意) 7.分栏 8.首字下沉 9.特殊字符 10.页边框

一棵开花的

古乐府

如 何让你遇见我
在我最美丽的
时刻

为这
我已在佛前求了五百年
求佛让我们结一段尘缘
佛于是把我化做一棵树

长在你必经的路旁

阳光下
慎重地开满了花
朵朵都是我前世的盼望

当你走近
请你细听
那颤抖的叶

是我等待的热情

而当你终于无视地走过
在你身后落了一地的
朋友啊
那不是花瓣
那是我**凋零的心**♉

Excel 试题

题目要求：

1.按样文输入数据 2.计算(总计、均值) 3.表格标题 4.设置表格格式(对齐、数据格式) 5.边框和底纹 6.图形 7.绘制图表 8.绘制标题图形 9.颜色填充 10.数据系列标志

虚构公司全年软件销售统计表

单位：万元

	第一季度	第二季度	第三季度	第四季度	平均销售
南京	¥1 500.00	¥1 500.00	¥3 000.00	¥4 000.00	
北京	¥1 500.00	¥1 800.00	¥2 250.00	¥4 900.00	
西京	¥1 200.00	¥1 800.00	¥1 800.00	¥4 400.00	
东京	¥700.00	¥1 300.00	¥1 600.00	¥2 900.00	
总计					

销售情况良好

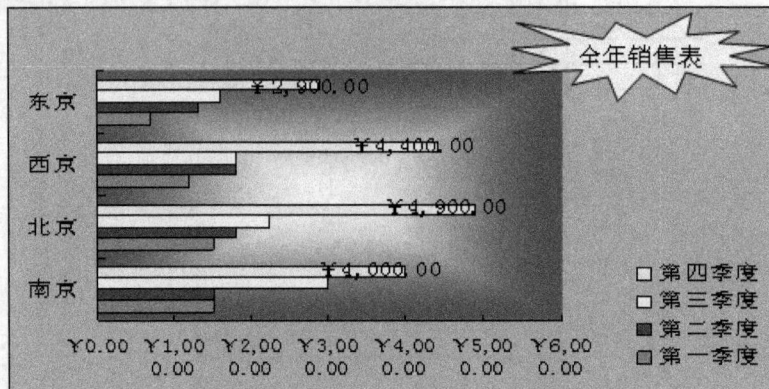

Word 试题

> ☿我喜欢将暮未暮的原野
>
> 在这时候
>
> 所有的颜色都已沉静
>
> 而黑暗尚未来临
>
> 在山岗上那丛郁绿里
>
> 还有着最后一笔的激情
>
> ☿我也喜欢将暮未暮的人生
>
> 在这时候
>
> 所有的故事都已成型
>
> 而结局尚未来临
>
> ☿我微笑地再作一次回首
>
> 寻我那颗曾彷徨凄楚的心

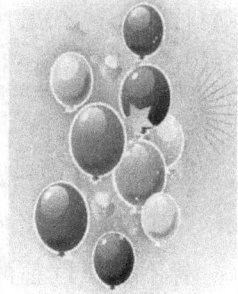

$$f(x_0) = \lim_{x \to x} \frac{f(x) - f(x_0)}{x - x_0}$$

> 假如人生不曾相遇，我还是我，你依然是你，只是错过了人生最绚丽的奇遇

题目要求:

1.输入文字 2.设置边框 3.设置文字格式 4.符号 5.图片(任选) 6.文本框 7.下划线、着重号 8.自选图形 9.页眉 10.公式

Excel 试题

第二季度产量报表

2011 年 7 月

单位	四月	五月	六月	合计
甲	36.50	40.75	50.00	
乙	27.37	30.50	28.60	
丙	24.52	20.60	22.40	
丁	33.40	29.42	27.40	
戊	25.61	32.17	26.82	
最大值				
平均值				

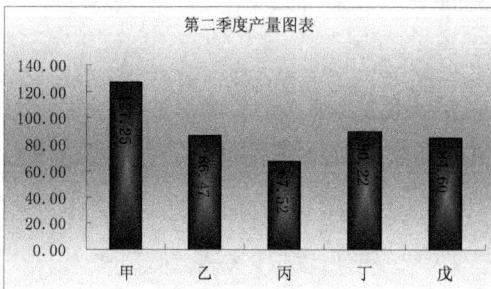

第二季度产量图表

题目要求

1.按样文输入数据 2.计算最大值、平均值、合计 3.表头 4.边框和底纹 5.绘制图表(各个单位总产量图) 6.设置图标格式 7.绘制区格式(双色填充、无网格线) 8.数据标志 9.图表区无颜色填充和边框 10.图例格式

Word 试题

> ♂有人告诉我，鱼的记忆只有 7 秒，7 秒之后它就不记得过去的事情，一切又都变成新的。所以，在那小小鱼缸里的鱼儿，永远不会感到无聊。我宁愿是条鱼，7 秒一过就什么都忘记，曾经遇到的人，曾经做过的事，都可以烟消云散。可我不是鱼，无法忘记我爱的人，无法忘记牵挂的苦，无法忘记相思的痛。

有　告诉我，鱼的记忆只有 7 秒，7 秒之后它就不记得过去的事情，一切又都变成新的。

所以，在那小小鱼缸里的鱼儿，永远不会感到无聊。我宁愿是条鱼，7 秒一过就什么都忘记，曾经遇到的人，曾经做过的事，都可以烟消云散。可

我不是鱼，无法忘记我爱的人，无法忘记牵挂的苦，无法忘记相思的痛。

鱼的记忆

题目要求：

1.输入文字　2.插入特殊符号　3.分栏　　4.字体、字号、字体颜色　5.边框底纹　6.图片(任选)7.首字下沉　8.艺术字　　9.页眉　　10.页边框

Excel 试题

学号	姓名	英语	数学	计算机	体育	物理	总分	平均分	名次
20110405	王明明	80	78	75	70	75			
20110406	李珊	67	76	71	72	72			
20110407	周亮	56	53	69	76	59			
20110408	王雨	89	82	79	75	71			
20110409	张涛	78	68	57	78	68			

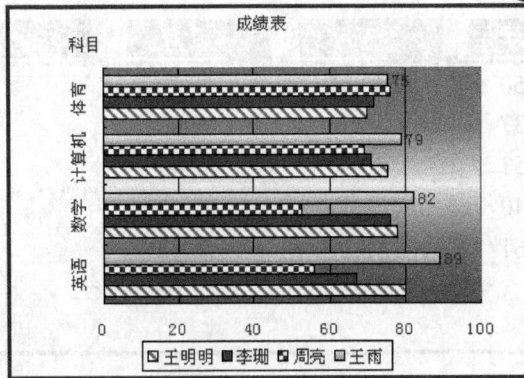

数学不及格

成绩表

科目

体育　79
计算机　79
数学　82
英语　89

0　20　40　60　80　100

☒王明明　■李珊　▨周亮　□王雨

题目要求：

1.输入文字、自动填充　2.计算　3.条件格式　4.排序(名次) 5.边框底纹 6.图标

7.自会图形 8.图标区、绘图区颜色设置 9.数据系列颜色填充 10.文字颜色数据系列标志

Word 试题

※其实，我很累了，我习惯假装坚强，习惯了一个人面对所有，我不知道自己到底想怎么样。有时候我可以很开心地和每个人说话，可以很放肆的，可是却没有人知道，那不过是伪装，很刻意的伪装；我可以让自己很快乐很快乐，可是却找不到快乐的源头，只是傻笑。

∞　风华是一指流砂

∞　苍老是一段年华

输入公式

$$a_n = \frac{1}{\pi} \int_{-\pi}^{\pi} f(x)dx$$

Word 题目要求：

1.输入文字 2.插入特殊符号 3.分栏 4.项目符号和编号 5.边框和底纹 6.图片 7.字符格式 8.艺术字 9.公式 10.插入页眉

Excel 试题

姓名	编号	等级	津贴	应发工资	公积金	实发工资
李1	：124510	100.00	￥23.00			
李2	：124511	100.00	￥651.00			
李3	：124512	300.00	￥469.00			
李4	：124513	300.00	￥469.00			
李5	：124514	200.00	￥2,000.00			
李6	：124515	400.00	￥451.00			
李7	：124516	100.00	￥324.00			

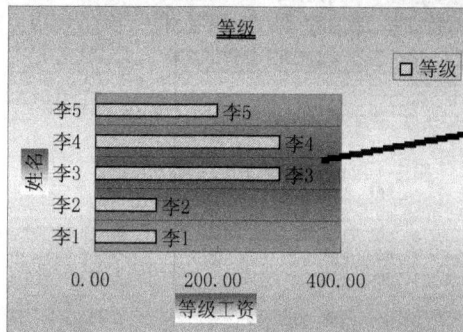

用工资等级作图

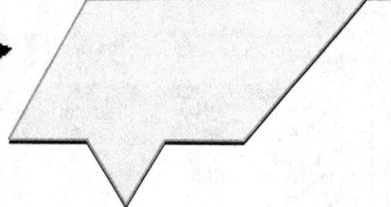

题目要求

1.输入文字、自动填充 2.计算 3.货币符号、字体颜色、对齐方式 4.边框底纹 5.图表 6.图形 7.标题 8.数据系列填充、数据标志 9.图标各项颜色填充 10.图标各项字体设置

Word 试题

题目要求：

1.输入文字　2.艺术字　3.项目符号　4.字体修饰　5.底纹和边框　6.文本框　7.分栏　8.首字下沉　9.公式　10.自选图形

I.　　很多我们以为一辈子都不会忘记的事情，就在我们念念不忘的日子里，被我们遗忘了。

II.　　不是每一次努力都会有收获，但是，每一次收获都必须努力，这是一个不公平的不可逆转的命题。

很 多我们以为一辈子都不会忘记的事情，就在我们 念念不忘 的日子里，被我们 遗忘了 。不是每一次努力都会有收获，但是，每一次收获都必须努力，这是一个不公平的不可逆转的命题。

输入公式

$$F(\omega) = \int_{-\infty}^{+\infty} f(t)e^{-j\omega t}dx$$

悲伤

Excel 试题

题目要求：

1.按样文输入数据　2.数据格式　3.边框和底纹　4.表格标题　5.绘制图形　6.条件格式(低于90的数据填充为绿色)　7.计算总支出　8.数据复制(复制到新的工作表中)　9.更改工作表名称　10.分类汇总

部分城市消费水平						
综合评价指数		➡	100			
地区	城市	生活用品	食品	服装	应急开销	总支出
东北	吉林	91.00	89.25	94.60	200.50	475.35
华北	郑州	90.00	78.68	93.50	236.00	498.18
东北	哈尔滨	76.00	88.23	98.00	189.80	452.03
东北	大连	85.00	91.60	90.00	194.60	461.20
东北	沈阳	91.00	94.60	96.50	187.50	469.60
华东	南京	78.00	92.70	92.00	188.80	451.50
华北	济南	92.00	90.80	90.50	201.00	474.30
华北	石家庄	89.00	95.80	87.80	178.90	451.50
东北	长春	76.00	91.10	89.50	176.00	432.60

1 2 3		A	B	C	D	E	F	G
	1							
	2							
	3			部分城市消费水平				
	4			综合评价指数	➡	100		
	5	地区	城市	生活用品	食品	服装	应急开销	总支出
	6	东北	吉林	91.00	89.25	94.60	200.50	475.35
	7	东北	哈尔滨	76.00	88.23	98.00	189.80	452.03
	8	东北	大连	85.00	91.60	90.00	194.60	461.20
	9	东北	沈阳	91.00	94.60	96.50	187.50	469.60
	10	东北	长春	76.00	91.10	89.50	176.00	432.60
	11	**东北 最大值**						475.35
	12	华北	郑州	90.00	78.68	93.50	236.00	498.18
	13	华北	济南	92.00	90.80	90.50	201.00	474.30
	14	华北	石家庄	89.00	95.80	87.80	178.90	451.50
	15	**华北 最大值**						498.18
	16	华东	南京	78.00	92.70	92.00	188.80	451.50
	17	**华东 最大值**						451.50
	18	**总计最大值**						498.18
	19							

Word 试题

题目要求：

1.按样文输入文字　2.字体修饰　3.底纹和表格　4.艺术字　5.水印(图片任意)　6.文本框　7.表格　8.表格边框和底纹　9.插入符号　10.页面边框等

左耳

📖　我没有勇气折断我的翅膀，却也飞不到任何地方。

📖　我们的爱情染上了 尘埃 ，等待一场风暴的洗礼。

📖　有些人，有些事，是不是你想忘记，就真的能忘记？

📖　我知道，我们都将离开，我们都不会再回来。 1

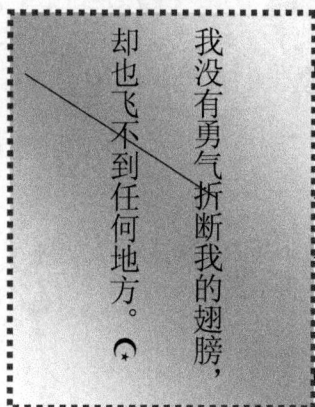

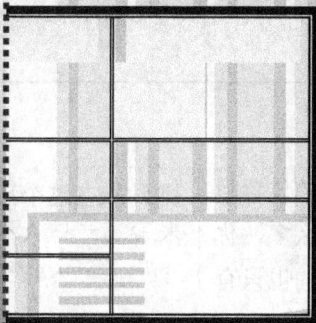

我没有勇气折断我的翅膀，却也飞不到任何地方。☽

Excel 试题

题目要求：

1.按样文输入数据　2.表格标题　3.字体修饰、对齐、数值格式等　4.边框和底纹 5.计算(平均分和最高分)

6.备注字段为：平均分>80 分，填写优良，否则为空。7.绘制图表　8.图表颜色填充　9.图表标题

10.数据标志与坐标轴格式设置

学生成绩一览表

学号	姓名	数学	物理	外语	计算机	平均分	备注
960001	王小1	80.0	82.0	82.0	91.0		
960002	王小2	76.0	84.0	92.0	88.0		
960003	王小3	72.0	86.0	94.0	85.0		
960004	王小4	68.0	88.0	96.0	82.0		
960005	王小5	64.0	90.0	98.0	79.0		
960007	王小6	60.0	92.0	100.0	76.0		
最高分							

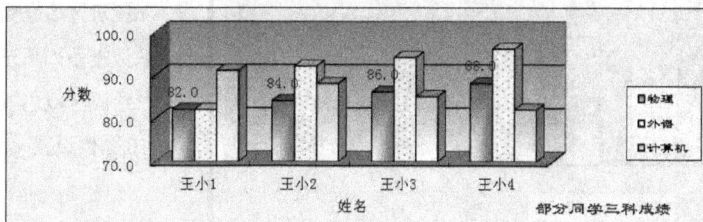

部分同学三科成绩

Word 试题

题目要求：

1.图片(任意)　2.艺术字　3.边框和底纹　4.自选图形(基本形状)　5.字体字型(隶书、仿宋设置等)　6.项目符号　7.首字下沉　8.分栏　9.图形(填充及其复制)　10.页眉

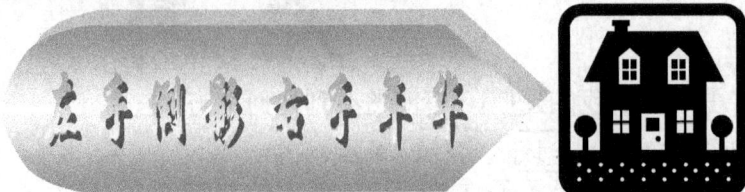

左手倒影右手年华

倒影

📖 时间没有等，是你忘了带我走。

📖 我左手是过目不忘的萤火，右手是十年一个漫长的打坐。

年华

一个人

身边的位置只有那么多，你能给的也只有

那么多,在这个狭小的圈子里,有些人要进来,就有一些人不得不离开。

Excel 试题

一班英语成绩一览表						
学号	姓名	口语	听力	作文	总分	备注
200301	甲	90	99	95		
200302	乙	85	95	90		
200303	丙	83	100	74		
200304	丁	42	45	54		

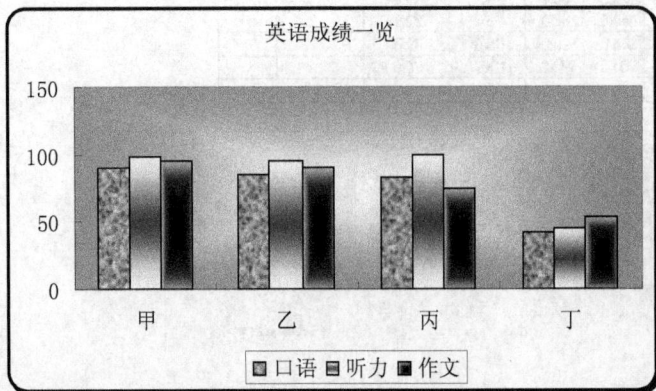

题目要求

1.按样文输入数据

2.计算平均分

3.计算总分

4.在"备注"栏里输入 if 函数：如果"总分"大于 180 分，则在备注栏中填"通过"，否则填"不通过"

5.设置表格格式(边框底纹)

6.绘制图表

7.图表区边框颜色填充

8.数据系列填充

9.绘图区双色填充

10.图例设置

英语成绩一览

英语成绩一览图表（甲、乙、丙、丁 的口语、听力、作文柱状图，纵轴 0~150）

□口语　■听力　■作文

Word 试题

题目要求：1.艺术字　2.分栏　3.字符间距调整　4.字符格式(字体、行距等)　5.边框、底纹　6.页边框
7.图片(任意)　8.输入公式　9.绘制图形　10.表格

猜火车

当日子成为旧照片当旧照片，成为回忆，我们成了背对背行走的路人，沿着不同的方向，固执地一步一步远离，没有雅典，没有罗马，再也没有回去的路。

当日子成为旧照片，当旧照片成为回忆，我们成了背对背行走的路人，沿着 不同的方向，固执地一步一步远离，没有雅典，没有罗马，再也没有回去的路。

绘制表格

Excel 试题

姓名	部门	电话	月工资	公积金	保险	实发工资
王1	经理室	2 24510	¥ 352.0			
王2	财务室	2 24511	¥ 340.0			
王3	门市部	2 24512	¥ 090.0			
王4	行政部	2 24513	¥ 350.0			
王5	市场部	2 24514	¥ 890.0			

说明公积金为月工资的10%；保险为月工资的1%；实发工资为月工资扣除公积金与保险。

用月工资做图

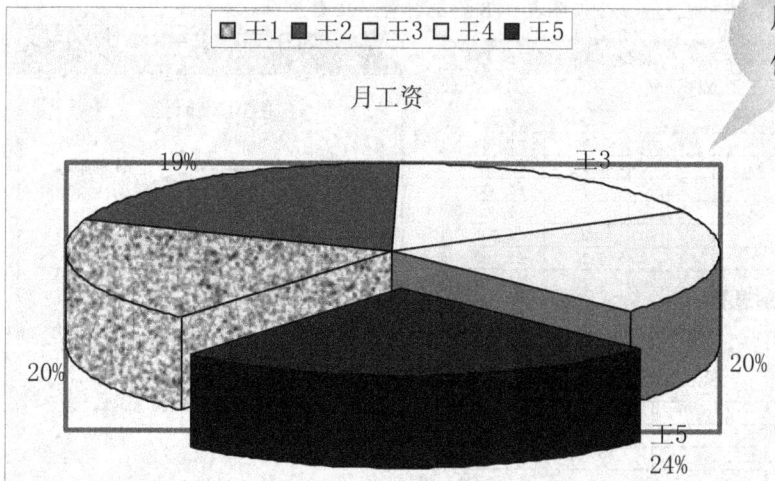

题目要求

1.输入文字、自动填充
2.计算 3.货币符号、对齐方式 4.边框底纹 5.图表
6.图形 7.图表颜色设置
8.数据系列标志格式 9.图表字体设置 10.数据点颜色填充、突出显示

Word 试题

题目要求: 1.按样文输入文字　　2.艺术字　　　3.分栏　　4.首字下沉　　5.图片　　6.边框和底纹

7.项目符号　　8.图形绘制　　9.绘制表格　　10.表格边框

智 力是人们正常生活、学习、工作的最基本的心理条件，智力是人们与　自　然　环境和　衡量人的心理健康最重要的
社　会　环境保　标准之一。
持　动　态平衡
的心理保证。因此，智力是

✍　智力是人们正常生活、学习、工作的最基本的心理条件。★

✍　智力是人们与自然环境和社会环境保持动态平衡的心理保证。

	表	格	
意义		排版结果	
输入			

Excel 试题

题目要求: 1.按样文输入数据　　2.表格格式设置(表格标题、对齐、数据格式等) 3.边框和底纹

4.计算(实发工资=工资+工龄*50) 5. 复制工作表，并重命名工作表(登记表、分类汇总)

6.按部门对实发工资进行汇总　　7.制作图表　　8.图表颜色　　9..数据标志

	A	B	C	D	E	F
1	职工工资登记表					
2						
3	员工编号	部门	性别	工资	工龄	实发工资
4	K1	部门A	男	￥2,000	5	￥2,250
5	K2	部门B	男	￥1,600	4	￥1,800
6	K3	部门A	女	￥1,200	2	￥1,300
7	K4	部门C	男	￥1,800	4	￥2,000
8	K5	部门C	女	￥1,900	2	￥2,000
9	K6	部门B	女	￥1,400	2	￥1,500
10	K7	部门A	男	￥1,200	1	￥1,250

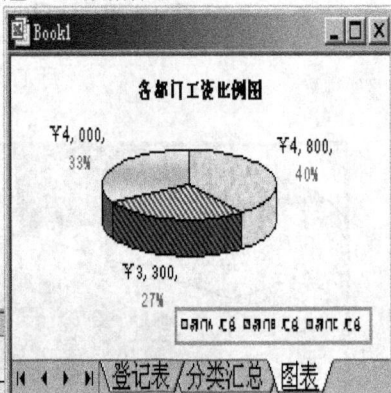

登记表 / 分类汇总 / 图表

Book1

各部门工资比例图

￥4,000, 33%　　￥4,800, 40%

￥3,300, 27%

登记表 / 分类汇总 / 图表

1 2 3		A	B	C	D	E	F
	1	职工工资登记表					
	2						
	3	员工编号	部门	性别	工资	工龄	实发工资
	7		部门A 汇总				￥4,800
	10		部门B 汇总				￥3,300
	13		部门C 汇总				￥4,000
	14		总计				￥12,100

登记表 / 分类汇总 / 图表

Word 试题

风雨人生

点点星光　　　闪动着**你**诚实的眼神

蓝蓝夜空敞开了　**你**寂寞的胸襟

面对冰冷的世界　　依然会有一颗火热的心

☺　**点点星光**闪动着你诚实的眼神

☺　**蓝蓝夜空**敞开了你寂寞的胸襟

☺　面对冰冷的世界依然会有一颗火热的心

Word 题目要求：1.图片　2.艺术字　3.边框和底纹　4.自选图形(复制、组合)　5.字体字型设置
6.项目符号　7.文本框　8.字体间距设置　9.图形(填充及颜色设置)　10.页边框

Excel 试题

中国奥运会奖牌回首				
届数	金牌	银牌	铜牌	*总计*
第 23 届	15	8	9	
第 24 届	5	11	12	
第 25 届	16	22	16	
第 26 届	16	22	12	
第 27 届	28	16	15	
最高奖牌数				

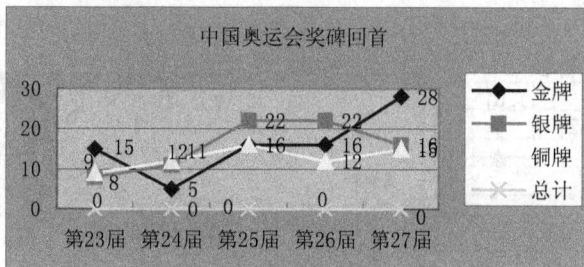

中国奥运会奖碑回首

题目要求：

1.按 Excel 样文输入数据　2.计算总计　3.计算最高奖牌数　4.设置格式(表格标题、对齐、数据格式等)　5.边框和
底纹　6.建立图表　7.图表各项颜色填充　8.图表标题　9.数据系列标志　10.图例设置

Word 试题

题目要求：1.艺术字 2.首字下沉 3.分栏 4.图片(任意) 5.文本框 6.图形

7.边框和底纹 8.字体修饰 9.项目符号 10.公式

隐形的翅膀

每 一次，都在徘徊孤单中坚强；每一次，就算很受伤也不闪泪光。我知道，我一直有双隐形的 翅膀，带我飞，飞过绝望。不去想，他们拥有美丽的

太阳，我看见，每天的夕阳也会有变化，我知道，我一直有双隐形的翅膀带我飞，给我 希望

隐形的翅膀

❀❀❀❀❀❀❀❀

每一次
都在徘徊孤单中坚强
每一次
就算很受伤也不闪泪光
我知道
我一直有双隐形的翅膀
带我飞
飞过绝望

输入公式：

$$\sum_{n-1}^{m} \partial_n^{kp}$$

Excel 试题

题目要求：1.按样文输入文字 2.计算小计 3.剩余 4.设置格式(表标题、边框、底纹) 5.制作二月支出比例图表，设置图标格式 6.图表区颜色填充以及边框的设置 7.数据系列颜色填充 8.数据系列标志 9.图表标题(蓝色+双下划线) 10.数据突出显示

二月收支明细表

项目		收入	支出
薪水		32000	
伙食费			3000
交通费			3000
娱乐费			2800
置装费			3200
其他	稿费	1000	
	奖金	1600	
	礼金		2000
小计		34600	14000
剩余		20600	

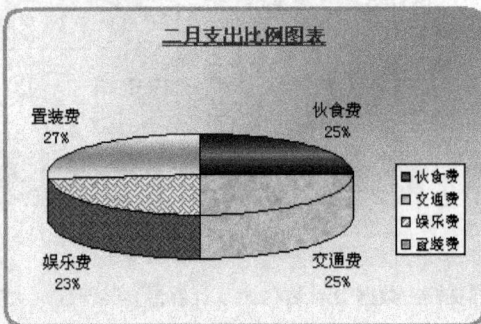

二月支出比例图表

置装费 27%
伙食费 25%
娱乐费 23%
交通费 25%

伙食费
交通费
娱乐费
置装费

Word 试题

我的青春——谁做主

I.　你的 书架上 缺着一部

II.　关于青春的几何代数

III.　比如梦想的形状、角度

IV.　尖锐的爱、温柔的弧度

输入公式

你的书架上缺着一部

关于青春的几何代数

比如梦想的形状

角度

尖锐的爱

温柔的弧度

$$\sum_{n-1}^{m}\partial$$

Word 题目要求：	1.艺术字	2.图片(任意)	3.特殊符号	4.尾注	5.项目符号	6.图形
	7.边框和底纹	8.字体、行距设置	9. 公式	10.水印		

Excel 试题

农 副 产 品
(蔬菜的价格)

月份 蔬菜	六月	七月	八月	平均价格	价格情况
白菜	￥0.60	￥0.80	￥1.20	￥0.87	涨价
土豆	￥0.40	￥0.60	￥0.90	￥0.63	正常
芹菜	￥0.30	￥0.50	￥0.80	￥0.53	正常
韭菜	￥0.80	￥1.20	￥2.10	￥1.37	涨价
黄瓜	￥0.50	￥0.30	￥1.60	￥0.80	正常

价格最高

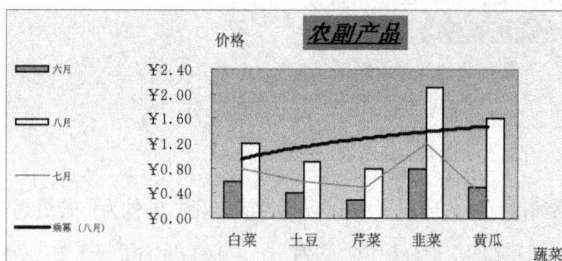

Excel 题目要求：

1.输入数据

2.计算(平均价格和价格情况)

价格情况条件：

基础价格=0.8

平均价格>0.8 就是"涨价",否则

就是"正常"

3.标题设计

4.格式设置：

边框和底纹、数字格式

5.绘制图形

6.制作图表

7.图表各项颜色填充

8.字体格式

9.图例设置

10.数据突出显示(8 月份)

农副产品

价格

六月	￥2.40
	￥2.00
八月	￥1.60
	￥1.20
七月	￥0.80
	￥0.40
蔬菜 (八月)	￥0.00

白菜　土豆　芹菜　韭菜　黄瓜

蔬菜

Word 试题

我，是一朵盛开的夏荷，多希望，你能看见现在的我。风霜还不曾来侵蚀，秋雨还未滴落。青涩的季节又已离我远去，我已亭亭，不忧，亦不惧。现在，正是，最美丽的时刻，重门却已深锁，在芬芳的笑靥之后，谁人知道我莲的心事。无缘的你啊，不是来得太早，就是，太迟……☜

——席慕容《莲的心事》

时间的沙漏沉淀着无法逃离的过往，
记忆的双手总是拾起那些明媚的忧伤。

$$\int x^u dx = \frac{x^{u+1}}{u+1} + c$$

Word 题目要求：

1.按样文输入文字　2 分栏　3 首字下沉　4 文字格式：着重号　5 插入图片　6 插入文本框　7 文本框格式设置　8 公式　9 页眉　10 表格

Excel 试题

上海地区 （2009 年第三季度）						
品种 月份	苹果	香蕉	西瓜	橘子	最高价	价格波动情况
五月	￥0.80	￥1.20	￥0.60	￥2.00		
六月	￥1.20	￥1.60	￥1.00	￥1.60		
七月	￥1.50	￥2.00	￥1.60	￥2.00		
八月	￥2.30	￥3.00	￥2.50	￥3.00		

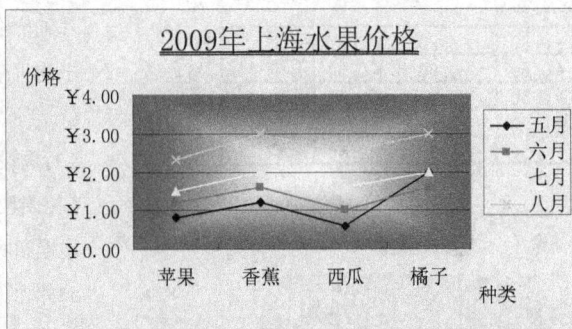

2009年上海水果价格

Excel 题目要求：

1.输入数据并设置字体格式 2.计算最高价 3.价格波动字段内容设置用 IF 函数实现，函数条件为：若最高价大于等于 3，则标记为"高价"；若最高价介于 2 和 3 之间，则标记为"正常"；若最高价小于等于 2，则标记为"低价" 4.表格标题 5.边框和底纹 6.数据格式 7.绘制图形 8.制作图表 9.图表各项颜色填充 10.图表标题设置

Word 试题：

题目要求：

1.录入文字　2.边框　3.插入符号　4.字体格式(楷体小四、宋体五号、着重、双下划线) 5.插入艺术字　6.表格

7.设置表格底纹和斜线　8.插入图片(任意) 9.页边框　10.分栏

☺一个人总要走陌生的路，看陌生的风景，听陌生的歌，然后在某个不经意的瞬间，你会发现，原本费尽心机想要忘记的事情真的就这么忘记了。

☹一个人总要走陌生的路，看陌生的风景，听陌生的歌，然后在某个不经意的瞬间，你会发现，原本费尽心机想要忘记的事情真的就这么忘记了。

一个人总要走陌生的路，看陌生的风景，听陌生的歌，然后在某个不经意的瞬间，你会	发现，原本费尽心机想要忘记的事情真的就这么忘记了。

Excel 试题

五城市降水量
单位(毫米)

城市	一	二	三	四	五	六	上半年总量	上半年平均量
北京	13.3	15.7	22.4	14.7	12.9	39.2		
上海	65	68.3	110.3	78.3	85.6	207.8		
哈尔滨	1.1	8	2.6	22.1	27.1	166.2		
海口	9.9	21.8	30.8	113.7	100.9	266.9		
乌鲁木齐	3.2	22.7	34.4	15.8	36.8	52.6		

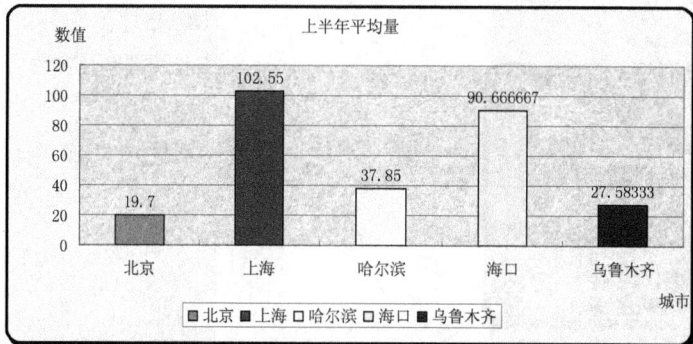

题目要求：

1.按样文录入表格 2.表格标题 3.表格格式(对齐、数据格式) 4.计算总量及平均量　5.设置表格底纹和边框　6.制作图表　7.设置图标区及绘图区格式 8.设置图例格式　9.设置数据标志格式 10.图表标题

Word 试题：

题目要求： 1.按样文输入文字　2.插入艺术字　3.分栏　4.首字下沉　5.文字格式：着重号

　　　　　　　6.边框和底纹　7.文本框填充边框线样式　8.项目符号　9.公式　10.表格

操作系统

操 作系统是控制其他程序运行，管理系统资源并为用户提供操作界面的 系统软件的集合 。操作系统是一个管理电脑硬件与软件资源的程序，同时也是计算机系统的内核与基石。

✓　操作系统是一个管理电脑硬件与软件资源的程序。

✓　操作系统是计算机系统的内核与基石。

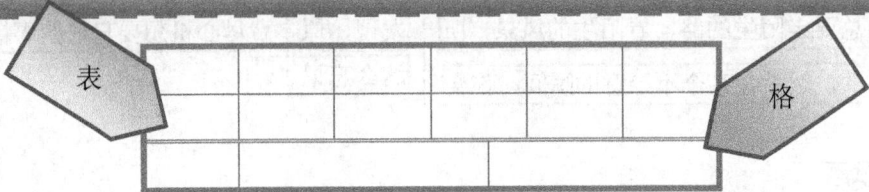

表　　　　　　　　　　　　　　　格

Excel 试题：

题目要求：

1.按样文录入表格

2.表格标题

3.表格格式(对齐、数据格式)

4.计算(总支出及总计)

5.表格底纹和边框

6.制作图表

7.设置图表区及绘图区格式

8.设置图例及各数据点格式

9.数据突出显示

10.图形

浙江省两县 1982－1989 年预算内财政支出表（万元）					
时期	地区	支援农业	经济建设	卫生科学	其它	总支出
1982	平海	72	119	513	13	
1983	海胡	115	131	572	34	
1984	海宁	168	210	744	76	
1985	四平	162	831	855	168	
1986	白山	166	989	1041	329	
1987	惠按	214	715	1095	401	
1988	农安	369	679	1458	628	
1989	胡宁	326	651	1556	775	
总计						

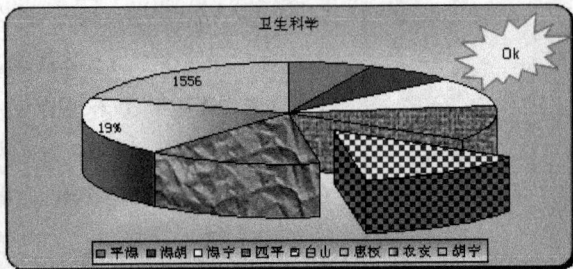

Word 试题

题目要求：

1.按样文录入文字　2.插入符号　3.文字格式(字体、字号、下划线)　4.图片　5.艺术字　6.公式
7.绘制表格及填充颜色　8.绘制图形并设置填充颜色　9.页面边框　10.设置页眉

0〰有些伤口，时间久了就会慢慢长好；有些委屈，受过了想通了也就释然了；有些伤痛，忍过了疼久了也成习惯了……然而却在很多孤独的瞬间，又重新涌上心头。

✿♉

其实，有些藏在心底的话，并不是故意要去隐瞒，只是，并不是所有的疼痛，都可以呐喊。

$$I_n = \int_0^{\frac{\pi}{2}} \sin^n x\, dx$$

Excel 试题

市场分析与预测					
时间 / 品名	2005	2006	2007	2008	增长率
彩电	2345	3000	3130	3200	4%
冰箱	2768	2900	3200	3500	6%
录像机	1328	1600	2000	2200	12%
音响	1868	2100	2400	2600	10%
洗衣机	1584	1800	2200	2300	8%
总计					

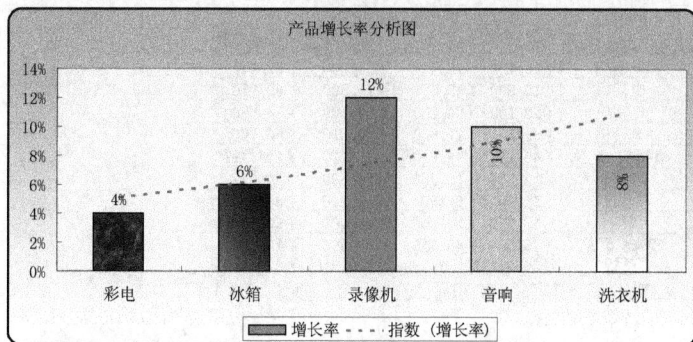

产品增长率分析图

题目要求：

1.按样文录入表格

2.表格标题

3.表格格式(对齐、数据格式)

4.计算(总计值)

5.表格底纹和边框

6.制作图表

7.设置图表区及绘制区格式

8.设置图例及格数据点格式

9.数据趋势线

10.图表标题

Word 试题

题目要求：

1.文字录入   2.艺术字   3.分栏   4.首字下沉   5.文字边框 6.图片(任意) 7.图形   8.表格   9.设置表格底纹及边框   10.设置页面背景效果(样例)

飞鸟和鱼

天空的飞鸟，是你的寂寞比我多，还是我的孤单比你多。剩下的时光，你陪我，好不好。这样你不寂寞，我也不会孤单。沉默的浮云，是你的难过比我多，还是我的隐忍比你多。以后的路程，忘记我，好不好。这样你不难过，我也忘记了回忆。

Excel 试题：

	诚信公司一季度销售统计				
地区	产品	一月	二月	三月	一季度
北部	电视机	￥10,111	￥13,400	￥15,600	￥39,111
东部	电视机	￥10,800	￥15,670	￥16,500	￥42,970
南部	电视机	￥22,100	￥24,050	￥24,500	￥70,650
西部	电视机	￥6,750	￥21,500	￥22,510	￥50,760
北部	音响	￥12,356	￥15,236	￥16,500	￥44,092
东部	音响	￥9,860	￥9,980	￥10,200	￥30,040
南部	音响	￥13,270	￥23,500	￥24,100	￥60,870

统计表 / 汇总表 / 图表

电视机一季度汇总

一月, ￥49,761
三月, ￥79,110
二月, ￥74,620

□一月 □二月 □三月

统计表 图表 汇总表

	诚信公司一季度销售统计				
地区	产品	一月	二月	三月	一季度
北部	电视机	￥10,111	￥13,400	￥15,600	￥39,111
东部	电视机	￥10,800	￥15,670	￥16,500	￥42,970
南部	电视机	￥22,100	￥24,050	￥24,500	￥70,650
西部	电视机	￥6,750	￥21,500	￥22,510	￥50,760
电视机 汇总		￥49,761	￥74,620	￥79,110	￥203,491
北部	音响	￥12,356	￥15,236	￥16,500	￥44,092
东部	音响	￥9,860	￥9,980	￥10,200	￥30,040
南部	音响	￥13,270	￥23,500	￥24,100	￥60,870
音响 汇总		￥35,486	￥48,716	￥50,800	￥135,002
总计		￥85,247	￥123,336	￥129,910	￥338,493

统计表 汇总表 / 图表

题目要求：

1.按样文录入表格   2.表格格式(标题、对齐、数据格式)   3.计算(在季度栏中求和)

4.表格底纹和边框   5.复制工作表，分别命名为"统计表"、"汇总表"

6.在汇总表中按产品，对"一月"、"二月"、"三月"和"一季度"进行分类汇总

7.制作"电视机一季度汇总"图表并放在新工作表中

8.设置图例及标题格式   9.数据点格式

Word 试题

我坐在这里

静静地

- ✧ 我坐在这里看着时间溜过，
- ✧ 我怕我会爱上了这个角落。
- ✧ 是它看着我的日子到底怎么过，
- ✧ 人来人往的出没❉有甚么样的轮廓。

我坐在这里

Word 题目要求：

1.按样文输入文字　2.艺术字　3.图形　4.项目符号　5.图片(任意)　6.特殊符号　7.设置页眉　8.字体格式(边框、字体等)　9.插入表格　10.设置表格格式

日本首都 (东京地区的价格)			
地区／蔬菜	新宿	横滨	八王子
地瓜	￥0.60	￥0.80	￥1.20
大头菜	￥0.40	￥0.60	￥0.90
芹菜	￥0.30	￥0.50	￥0.80
韭菜	￥0.80	￥1.20	￥2.10
黄瓜	￥0.50	￥0.30	￥1.60
平均价格			
价格情况			

用 if 函数作

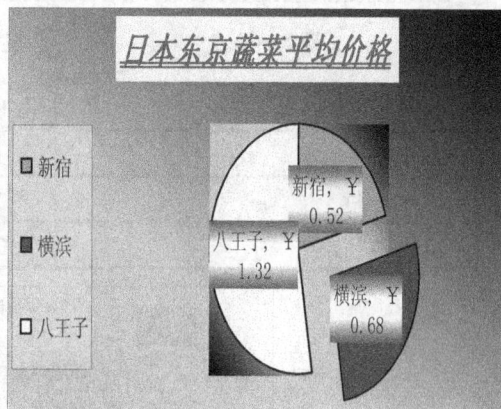

日本东京蔬菜平均价格

- ■ 新宿
- ■ 横滨
- □ 八王子

新宿，￥0.52
八王子，￥1.32
横滨，￥0.68

0

Excel 题目要求：

1.按样文录入表格　2.表格标题　3.表格格式(对齐、数据格式)

4.计算(平均值及价格情况)

条件：平均价格>1 高价,0.6<平均价格<=1 正常, 平均价格>0.6 低价

5.表格底纹和边框　6.制作图表　7.设置图表区及绘图区格式

8.设置图例及各数据点格式　9.数据突出显示　10.图表标题

Word 题目：

每 次流星划过夜空，就会想起你的话，那是天空流下的一串泪，点缀了漆黑化成	了美，看到它的人可以许一个**幸福的心愿**。每次流星划过夜空，就会想起你的话，那是天空流下的一串泪，点缀了漆黑化成了美，看到它的人可以许一个*幸福的心愿*。

☞ 输入公式：$\sum\limits_{1}^{n=100}$ 幸福的眼

题目要求： 1.按样文录入文字　2.艺术字　3.图形　4.首字下沉　5.图片(任意)　6.特殊符号

7.分栏　8.字体格式(边框、字体的等)　9.插入表格　10.输入公式

Excel 题目：

水果价格表 (2011 年第四季度)						
品种 月份	苹果	香蕉	西瓜	橘子	最高价	价格波动情况
九月	￥0.80	￥1.20	￥0.60	￥2.00		
十月	￥1.20	￥1.60	￥1.00	￥1.60		
十一月	￥1.50	￥2.00	￥1.60	￥1.20		000 ◄----
腊月	￥2.30	￥3.00	￥2.50	￥0.90		

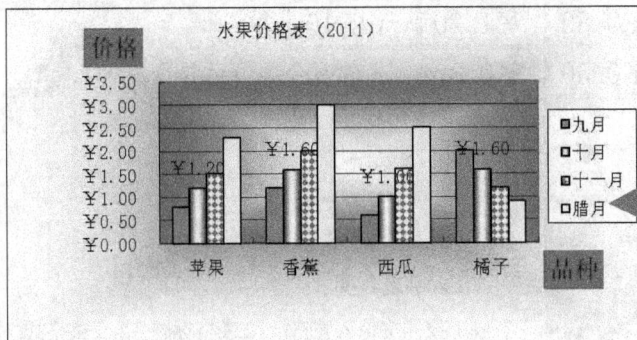

水果价格表（2011）

价格
￥3.50
￥3.00
￥2.50
￥2.00
￥1.50
￥1.00
￥0.50
￥0.00

苹果　香蕉　西瓜　橘子　　品种

九月　十月　十一月　腊月

题目要求：

1.按样文录入表格　2.表格标题　3.表格格式(对齐、数据格式)　4.计算(平均值及价格情况)

条件：平均价格>1 高价,0.6<平均价格<=1 正常,平均价格>0.6 低价　5.表格底纹和边框

6.制作图表　7.设置图表区及绘图区格式　8.设置图例及各数据点格式　9.图形　10.图表标题

Word 试题

蓝色的海
蓝色的梦

☆　从前有个传说。传说里有你有我，我们在阳光海岸生活。

☆　从日出尽情的享受每一天，让希望为了理想转动。

有些梦不作不可，有些话不能不说。

从 前有个传说。传说里有你有我，我们在阳光海岸生活。

从日出尽情的享受每一天，让希望为了理想转动。有些梦不作不可，有些话不能不说。

从前有一个传说。传说里有你有我，我们在阳光海岸生活。从日出尽情的享受每一天，让希望为了理想转动。有些梦不作不可，有些话不能不说。

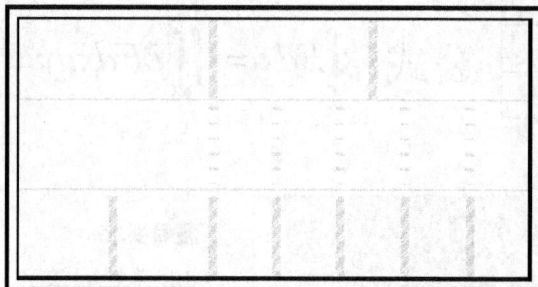

题目要求：

1.输入文字 2.项目符号 3.艺术字 4.页面设置 5.图片 6.图片的旋转 7.文字边框底纹 8.绘制图形 9.输入公式 10.插入页眉

Excel 试题

	生成（吨）		出口（吨）	
	2002	2003	2002	2003
猪肉	157678	687879	166788	187879
羊肉	265678	545778	156878	528789
牛肉	167678	545567	367689	123224
最高产量				
最低产量				
合计				

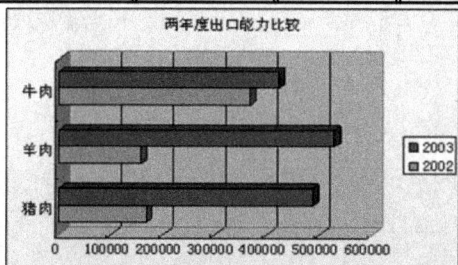

两年度出口能力比较

题目要求：
1.输入文字
2.计算
3.图表标题格式
4.对齐方式、数字格式和行高的调整
5.边框底纹
6.图表

图表格式设置：

7.数据点样式和标志

8.图表各项颜色填充

9.图表标题、标志、文字格式(颜色和字体)

10.坐标轴刻度设置

Word 试题

题目要求:

1.按样文输入文字 2.插入艺术字 3.图形组合 4.图片 5.文字格式：着重号、边框底纹 6.文本框填充边框线样式 7.页边框 8.公式 9.表格

感动了就给自己一个拥抱

微笑了就让全世界都知道

走累了先投靠着一座城堡

幸福了是因为有你的打扰

公式: $\oint F dx = \iint_R \partial F dx dy$

Excel 样文

香港的蔬菜 (近几个月的价格)					
月份 蔬菜	六月	七月	八月	平均价格	价格情况
地瓜	¥0.60	¥0.80	¥1.20		
大头菜	¥0.40	¥0.60	¥0.90		
芹菜	¥0.30	¥0.50	¥0.80		
韭菜	¥0.80	¥1.20	¥2.10		
黄瓜	¥0.50	¥0.30	¥1.60		

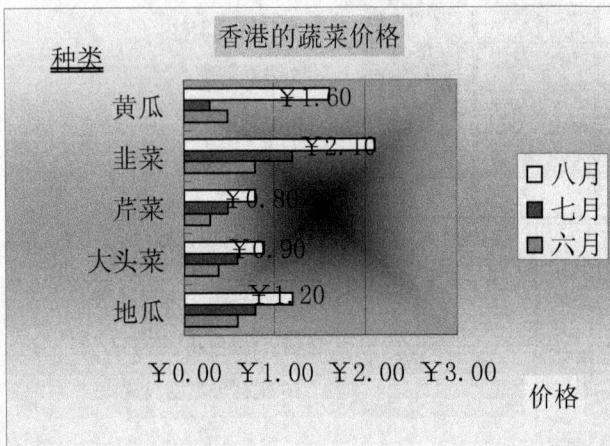

题目要求:

1.按样文输入文字

2.表格标题

3.表格格式(对齐、数据格式)

4.计算(平均值及价格情况)

条件:

平均价格>0.8

涨价

平均价格<=0.8

正常

5.表格底纹和边框

6.制作图表

7.设置图表区及绘制区格式

8.图标标题格式

9.各数据点格式

10.数据标志

Word 题目

小时代

我们平凡而又微茫的生活里，并不是只有轻松的欢笑和捧腹的乐趣。　　在时光日复一日的缓慢推进里，有很多痛苦就像是图钉一样，随着滚滚而过的车　　轮被扎进我们的心中。

公式：

$$\int_a^b \varphi(x)dx = \int_a^b \left[\int_\alpha^\beta f(x, y)dy \right] dx$$

题目要求：

1.图形　2.文本框　3.艺术字　4.字体、字号、下划线　5.分栏　6.首字下沉　7.输入公式　8.图片(任意)　9.表格
10.页边框

北京地区 （水果的价格）						
品种 地区	西红柿	香蕉	西瓜	橘子	最高值	价格波动情况
朝阳区	￥0.80	￥1.20	￥0.60	￥2.00		
龙潭区	￥1.20	￥1.60	￥1.00	￥1.60		
二道区	￥1.50	￥2.00	￥1.60	￥1.20		
铁北区	￥2.30	￥3.00	￥2.50	￥0.90		

题目要求：

1.按样文录入表格
2.表格标题
3.表格格式(对齐、数据格式)
4.计算(最高价及价格情况)
条件：最高价格>2 高价最高价格=2 正常最高价格<2 低价
5.表格底纹和边框
6.图形
7.制作图表
8.设置图标区及绘图区格式
9.设置图标标题格式
10.各数据点格式

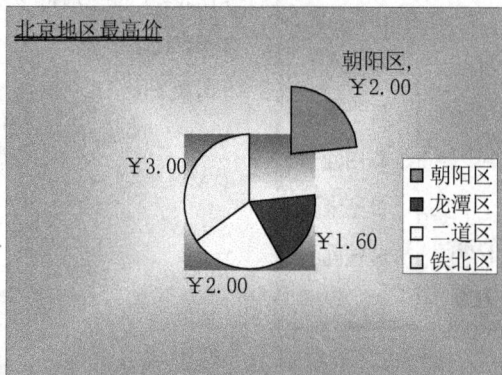

北京地区最高价

朝阳区，￥2.00

￥3.00

￥1.60

￥2.00

- 朝阳区
- 龙潭区
- 二道区
- 铁北区

IF 函数

Word 试题

错误

这里是公式:

$$\lim \frac{f(x) - f(x_0)}{}$$

一生至少该有一次，为了某个人而忘了自己，不求有结果，不求同行，不求曾经拥有，甚至不求你爱我，只求在我最美的年华里，遇到你。❀

假 如爱情可以解释，誓言可以修改。假如，你我的相遇，可以重新安排。那么，生活就会比较容易。假如有一天，我终于能将你忘记。然而，这不是随便传说的故事。也不是明天才要上演的戏剧。我无法找出原稿，然后，将你一笔抹去。

题目要求：

1.文本框　　2.分栏　3.艺术字　　4.字符格式(字体、着重号等)　　5.边框、底纹　　6.首字下沉

7.图片(任意)　　8.输入公式　9.图形绘制　　10. 页面边框

Excel 题目：

红　星　粮　店 一月份售粮统计表				
粮食名称	进货（公斤）	售出（公斤）	库存（公斤）	备注
大米	5000	2804		
小米	2000	1286		
白面	10000	7852		
玉米面	1000	247		
挂面	500	237		
总计				

题目要求：

1.按样文输入数据

2.计算(总计及

库存=进货-售出)

3.填写备注，条件为：

库存>=1500　高

250<库存<1500　正常

库存<=250　低

4.标题设计

5.表格边框和底纹

6.制作图表

7.图表各项颜色填充

8.图表标题

9.图表字体格式

10.数据点颜色填充

及数据标志

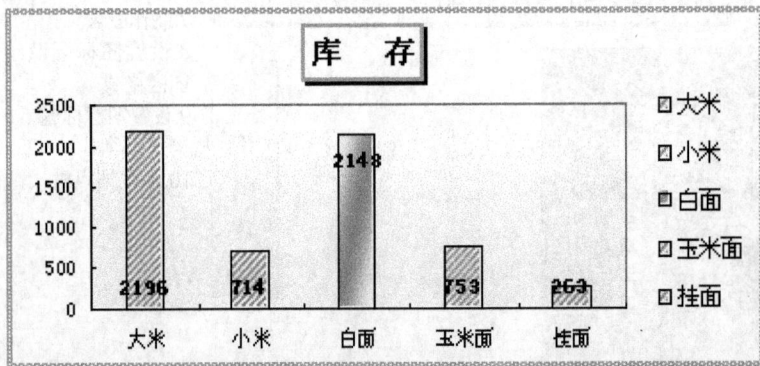

Word 试题

划下来的幸福时光

所有的事情都让我觉得，这个世界上没有足够的幸福。当你获得幸福的时候，这个世界上总有人丢失了幸福，你永远不知道她在天光大亮的时候茫然地寻找，在暮色四合的时候孤单地等待。你在她不知道的世界里微笑地牵起手，她在你不曾想过的世界里走完了无数的四季。

所有的事情都让我觉得，这个世界上没有 足够的幸福 。当你获得幸福的时候，这个世界上

总有人丢失了幸福，你永远不知道她在天光大亮的时候茫然地寻找，在暮色四合的时候孤单地等待。你在她不知道的世界里微笑地牵

起手，她在你不曾想过的世界里走完了无数的四季。

插入图片

题目要求： 1.输入文字　2.输入特殊符号、字体颜色、下划线和着重号　3.分栏　4.首字下沉　5.边框底纹 6.图片(任意)　7.自绘图形　8.艺术字　9.公式　10.插入页眉

$$\oint_{\Sigma}\int xyzdS = \iint_{Dxy}\sqrt{3}xy(1-x-y)dxdy$$

华信公司员工工资表							
姓名	日期	基本工资	津贴	扣除费用	应发工资	所得税	实发工资
张红	1999-9-10	2314	210	97			
方芳	1999-9-10	1846	210	91			
那小云	1999-9-10	1321	150	78			
张宇勤	1999-9-10	4511	500	235			
王旭	1999-9-10	2841	250	111			
应发工资总额							

工资总额

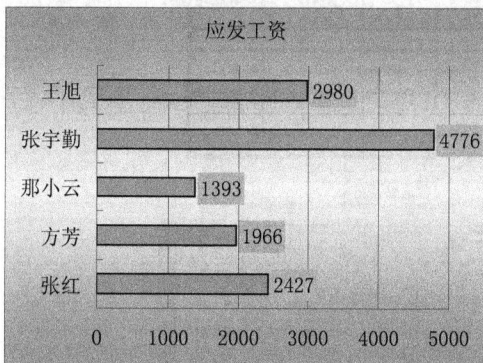

计算说明：

应发工资=基本工资+津贴-扣除费用

税率：

应发工资-800<2000 10%

应发工资-800>2000 15%

所得税=（应发工资-800）*税率

实发工资=应发工资-所得税

Excel 题目要求：

1.按样文输入数据 2.计算(应发工资、所得税、实发工资)3.计算所得税 4.表格格式(对齐方式、数字格式等)

5.表格边框和底纹 6.制作图表 7.图表各项颜色填充8.图表标题与坐标轴格式 9.图表文字格式10.数据标志

Word 试题

make up the number ───────── reserved

BEIFEN[1]

❖　备份是容灾的基础，是指为 防止系统出现操作失误或系统故障导致数据丢失 ，

而将全部或部分数据集合从应用主机的硬盘或阵列复制到其他存储介质的过程。

❖　备份是容灾的基础，是指为防止系统出现操作失误或系统故障导致数据丢失，而
将全部或部分数据集合从应用主机的硬盘或阵列复制到其他存储介质的过程。

1. 包括系统备份和文件备份

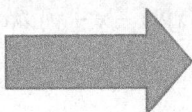
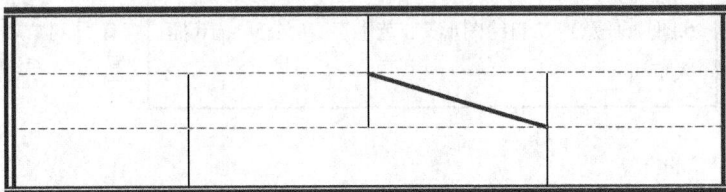

WORD 题目要求：1.艺术字　2.图片(任意)　3.特殊符号　4.尾注　5.项目符号　6.图形　　7.边框和底纹

8.字体、行距设置　9.公式　10.水印

题目要求：

1.按样文输入数据　2.数据格式(字体、颜色、对齐方式、数值格式等)　3.边框和底纹　4.表格标题　5.图形绘
制　6.绘制图表 7.图表颜色填充　8.图表标题　9.图表数据系列标志　10.图表数据的突出显示

| 学生成绩一览表 | | | | | | | |
| 9600班 | | | | | | | |
学号	姓名	数学	外语	计算机	总分	平均分	备注
960001	王小1	80	82	91	253	84.3	
960002	王小2	76	92	88			
960003	王小3	72	94	85			
960004	王小4	68	96	82			
960005	王小5	64	98	79			
960007	王小6	60	100	76			
最低分							

英语最高分

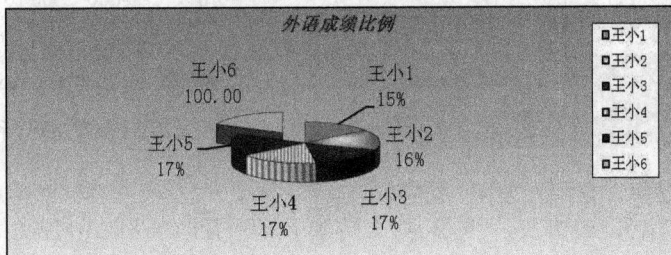

Word 试题

大提琴的声音就象一条河，左岸是我无法忘却的回忆，右岸是我值得紧握的璀璨年华，中间流淌的，是我年年岁岁淡淡的感伤！

大提琴的声音就象一条河，左岸是我无法忘却的回忆，右岸是我值得紧握的璀璨年华，中间流淌的，是我年年岁岁淡淡的感伤！

大提琴

的声音就象一条河，左岸是我无法忘却的回忆，右岸是我值得紧握的

璀璨年华，中间流淌的，是我年年岁岁淡淡的感伤！☹

绘制表格

题目要求：

1.录入文字　2.边框　3.首字下沉　4.字体格式(楷体小四、宋体五号、着重号、下划线)　5.插入艺术字　6.表格　7.设置表格底纹和斜线　8.插入图片(任意)9.图形　10.分栏

Excel 试题

欧洲信息技术市场				
				单位：10亿元
项目		2000年	2001年	2002年	2003年
计算机	硬件	72.4	76.3	80.6	86.4
	软件	31.3	35.2	37.2	32.5
	服务	65.5	66.0	62.8	67.5
总计		$169.20			
平均值		$56.40			

要求：

1.按样文输入数据

2.计算

3.表标题格式

4.对齐方式、数字格式和行高的调整

5.边框底纹

6.图表

7. 图表数据点样式和标志

8.图表各项颜色填充

9.图表标题、标志、文字格式(颜色和字体)

10.图表坐标轴设置

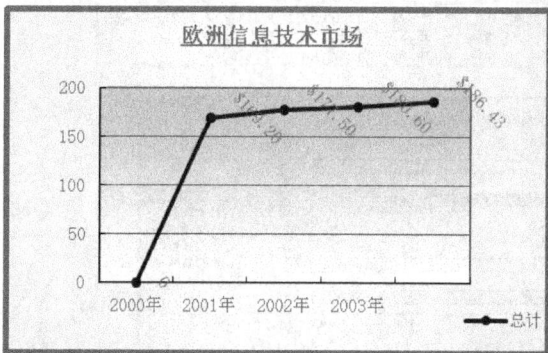

Word 试题

题目要求：

1.输入文字　2.艺术字　3.符号　4.下划线　5.绘制图形　6.边框和底纹　7.绘制表格　8.表格边框　9.图片

10.页眉

原 谅

☏ 原谅把你带走的雨天

☏ 在突然醒来的黑夜

☏ 发现我终于没有再流泪

☏ 原谅被你带走的永远

☏ 时钟就快要走到明天

☏ 痛会随着时间好一点

支 出 凭 单

年　月　日　　　　　第　　号

领款部门		部门经理意见	
支出项目			
付款数额	人民币（大写）		￥
支出项目		领款人签字	
主管会计签字		出纳签字	对方科目

Excel 试题

题目要求：

1.输入数据 2.计算总支出 3.计算平均值、最大、最小值 4.边框和底纹　5.对齐方式、数值格式　6.条件格式
(其中需用条件格式将低于 90 的数据填充为绿色) 7.绘制图形 8.制作图表 9.图表各项颜色填充　10.图表格
式设置

				部分城市消费水平			
			综合评价指数	▶ 100			
地区	城市	日常生活用品	耐用生活品	食品	服装	应急开销	总支出
东北	吉林	91.00	93.00	89.25	94.60	200.50	568.35
东北	长春	90.00	92.00	78.68	93.50	236.00	590.18
东北	哈尔滨	76.00	91.00	88.23	98.00	189.80	543.03
东北	大连	85.00	90.00	91.60	90.00	194.60	551.20
东北	沈阳	91.00	89.00	94.60	96.50	187.50	558.60
华北	郑州	78.00	88.00	92.70	92.00	188.80	539.50
华北	济南	92.00	87.00	90.80	90.50	201.00	561.30
华北	石家庄	89.00	86.00	95.80	87.80	178.90	537.50
华东	南京	76.00	85.00	91.10	89.50	176.00	517.60
平均值		￥　85.33	￥　89.00	￥　90.31	￥　92.49	￥　194.79	￥　551.92
最大值		￥　92.00	￥　93.00	￥　95.80	￥　98.00	￥　236.00	
最小值		￥　76.00	￥　85.00	￥　78.68	￥　87.80	￥　176.00	

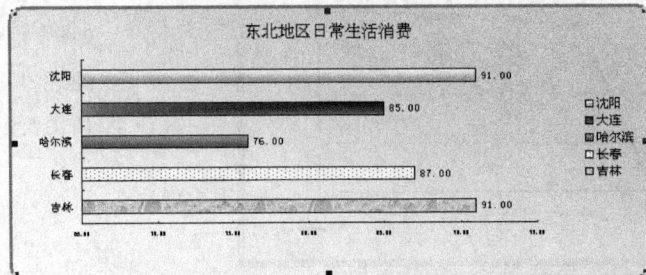

东北地区日常生活消费

沈阳　91.00
大连　85.00
哈尔滨　76.00
长春　87.00
吉林　91.00

□沈阳
■大连
▨哈尔滨
□长春
□吉林

Word 试题

最遥远的距离

❧ 世界上最远的距离，不是树与树的距离，而是同根生长的树枝，却无法在风中相依。

❧ 世界上最远的距离，不是树枝无法相依，而是相互了望的星星，却没有交汇的轨迹。

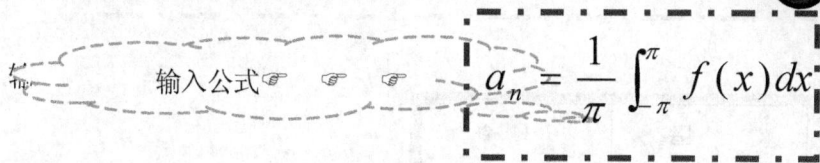

输入公式☞　☞　☞

$$a_n = \frac{1}{\pi} \int_{\pi}^{\pi} f(x)\,dx$$

世界上最远的距离，不是星星之间的轨迹，而是纵然轨迹交汇，却在转瞬间无处寻觅。
世界上最远的距离，不是瞬间便无处寻觅，而是尚未相遇，便注定无法相聚。☹

题目要求：

1.输入文字　2.项目符号　3.艺术字　4.字体设置　5.图片　6.特殊符号　7.文字边框　8.绘制图形
9.输入公式　10.插入对象

Excel 试题

月份 姓名	一月	二月	三月	四月	平均销售额	各月总和
李明	￥7,000.00	￥6,890.00	￥456.00	￥2,009.00		
王林	￥4,000.00	￥3,421.00	￥7,908.00	￥12,340.00		
张涛	￥7,898.00	￥7,700.00	￥6,566.00	￥300.00		
陈强	￥5,664.00	￥6,000.00	￥7,888.00	￥7,098.00		
赵明明	￥7,665.00	￥4,553.00	￥6,000.00	￥4,009.00		
最高销售额						
最低销售额						
每月总和						

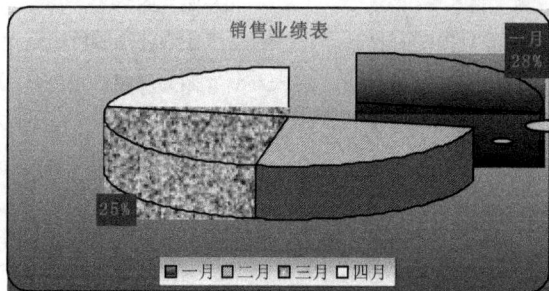

销售业绩表

一月 28%

25%

■一月　□二月　■三月　□四月

用每月总和作图

题目要求：

1.输入文字　2.计算　3.货币符号、对齐方式　4.边框底纹　5.图表　6.图形图表格式设置　7.图表颜色设置　8.数据系列标志格式　9.图表字体设置　10.数据点颜色填充、突出显示

Word 试题

📖 有时候，莫名的心情不好，不想和任何人说话，只想一个人静静的发呆。

📖 有时候，夜深人静，突然觉得不是睡不着，而是固执地不想睡。

📖 有时候，听到一首歌，就会突然想起一个人。

📖 有时候，别人突然对你说，我觉得你变了，然后自己开始百感交集。

------ 丢了的自己，只能**慢慢捡回来**。

0	💻	⚙
表格	100	
	200	

$$a_n = \frac{1}{\pi}\int_{-\pi}^{\pi} f($$

题目要求：

1.按样文输入文字　2.字体修饰　3.底纹和边框　4.艺术字　5.项目符　6.公式　7.表格　8.表格边框和底纹

9.插入符号　10.页面边框等

Excel 试题

学生期中考试成绩表

班号	姓名	计算机	高数	大英	平均分
970401	王军	36.500	68.000	89.000	64.500
970402	黄明明	68.800	89.600	45.000	67.800
970403	江成刚	55.200	66.000	55.500	58.900
970404	张力	77.500	88.000	68.700	78.067
970405	黎明	89.000	98.000	93.000	93.333
最低分		36.500	66.000	45.000	

题目要求：

1.输入数据

2.计算(平均分和最低分)

3.条件格式(不及格成绩)

4.表格格式(标题、对齐、格式)

5.边框和底纹

6.制作图表

7.图表各项颜色填充

8.图表标题

9.数据标志

10.趋势线

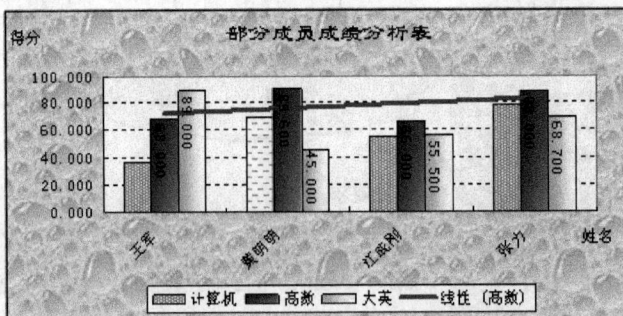

部分成员成绩分析表

课程　　　　　星期			

题目要求：

按样文输入文字，设置格式。

Excel 试题

月份　　　姓名	一月	二月	三月	3个月总和	平均销售额	名次
李明	7000	6890	456			
王林	4000	3420	7908			
张涛	7890	7700	6566			
陈强	5667	6000	7888			
赵明明	7665	4553	6000			
石磊	3098	6785	5890			

0251688960

一月份销售额

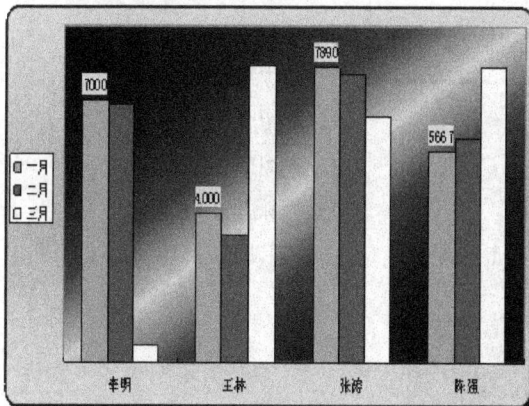

题目要求：

1.输入文字　2.计算　3.排序　4.表头、对齐方式、数字格式　5.边框底纹　6.图标

7.自制图形　8.图标各项颜色填充　9.图表标题、标志、文字格式　10.图例位置

Word 试题

❖　　一个人总要走陌生的路，※

❖　　看陌生的风景，※

❖　　听陌生的歌。※

❖　　最后你会发现，※

❖　原本费尽心机想要的忘记的事情真的就那么忘记了。※

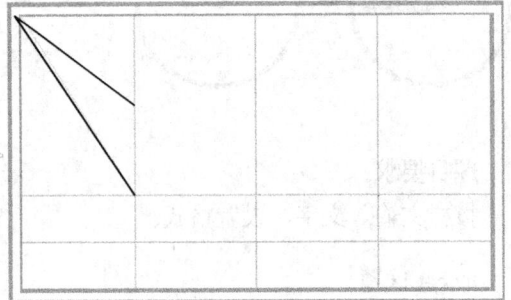

题目要求:

1.艺术字　2.特殊符号　3.剪贴画　4.段落边框、文字底纹　5.页面边框　6.项目符号　7.绘制表格　8.表格边框

9.表格环绕　10.页眉

Excel 试题

学生计算机成绩					
姓名	作业	期中	上机	期末	总成绩
王1	88	76	80	87	
王2	90	94	97	99	
王3	85	75	89	82	
王4	90	97	90	90	
王5	70	74	76	80	
最高分					

题目要求:

1.输入表格

2.表格格式(居中、字体格式、数据格式)

3.调整行高和列高

4.边框和底纹

5.计算总成绩(总成绩中作业占20%，期中占20%,上机占20%,期末占40%)和最高分

6.按总成绩进行排名

7.绘制图表

8.绘制图形

9.数据标志和坐标轴

10.标题设置

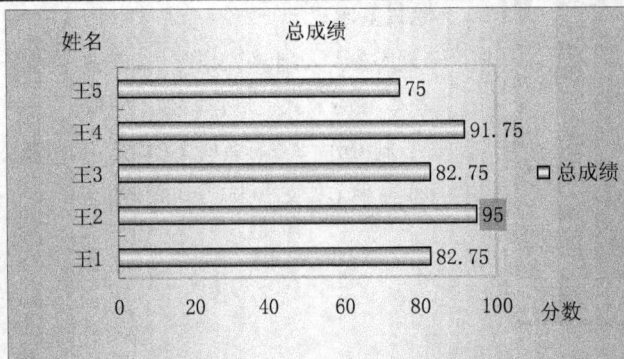

Word 试题

会长大的幸福

爱 是送你会长大的幸福，用生命为你变魔术永远被保护；牵手围住会长大的幸福，看它开花结果变大树。我们唱着歌欢呼！

会 长 大

幸福

题目要求：

1.输入文字　2.字体修饰　3.底纹、边框　4.艺术字　5.文本框　6.图片 7.图形 8.首字下沉　9.绘制表格
10.表格颜色和边框

Excel 试题：

学生成绩一览表

学号	姓名	数学	物理	外语	计算机	平均分	备注
960001	王小 1	80.00	88.00	82.00	91.00		
960002	王小 2	76.00	89.00	92.00	88.00		
960003	王小 3	72.00	73.00	94.00	85.00		
960004	王小 4	68.00	88.50	96.00	82.00		
960005	王小 5	64.00	76.50	98.00	79.00		
960007	王小 6	60.00	76.50	100.00	76.00		
最高分							

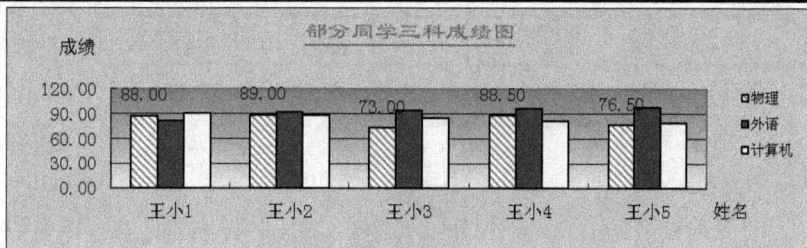

部分同学三科成绩图

成绩

	88.00	89.00	73.00	88.50	76.50	□物理
						■外语
						□计算机

120.00　90.00　60.00　30.00　0.00　　王小1　王小2　王小3　王小4　王小5　姓名

题目要求：

1.按样文输入数据　2.字体修饰(对齐、颜色、数值格式) 3.边框和底纹　4.标题设置　5.计算(平均分和最高分)
6.备注字段用 If 函数。平均分>80 分，填写 good，否则备注为空。　7.绘制图表　8.图表标题　9.图表颜色填充
10.图表坐标轴刻度与数据标志

Word 试题

幸福的

幸 福 的 糖

尝 着阳光洒下的蜂蜜，抬头看彩虹是丰富的画笔。别着急世界的精彩，让你目眩而神迷。天空难免

偶尔阴晴，别轻易掉头离去。用自信的笑容做自己，欢笑不害怕拥挤。贴近的呼吸，只要穿上很幸福的糖 e，感受完美生活的握力。

用自信的笑容做自己，穿上很幸福的糖。

·糖

公式：$f(x+y, x-y) = x^2 - y^2$，

题目要求：

1.文字和样文一样　2.分栏　3.首字下沉　4.插入艺术字　5.插入图片　6.插入公式　7.自选图形　8.设置字体格式

9.插入表格　10.表格设置。

Excel 试题：

全国各大城市天气预报 （未来 3 天的温度）					
城市 日期	长春	哈尔滨	北京	海南	广州
25 日	-12	-18	3	12	6
26 日	-8	-20	1	8	12
27 日	-15	-26	6	5	15
最高温度	-12	-18	6	12	15
气温情况	温度低	温度低	正常	温度高	温度高

温度最低

题目要求：

1.输入数据

2.计算最高温度

3.条件格式(气温高于 10 的温度高,低于 0 的温度低，否则是正常)

4.表格格式(标题、对齐、格式)

5.边框和底纹

6.制作图表

7.图表各项颜色填充

8.图表标题

9.数据标志

10.文本框格式

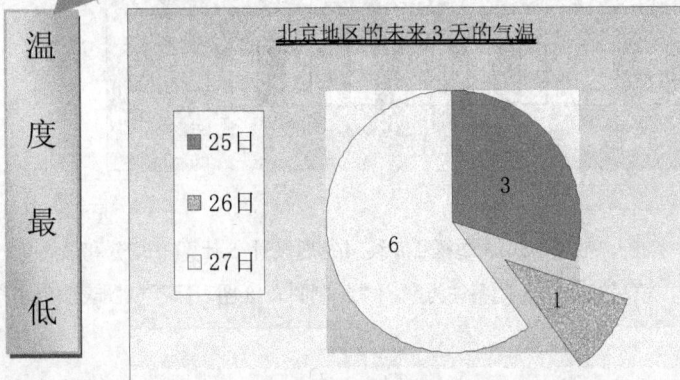

北京地区的未来 3 天的气温

■25日　▨26日　□27日

3　6　1

Word 试题

梦里花落知多少

时间

没有等我，是你忘了带我走，我左手过目不忘的的萤火，

右手里是十年一个漫长的打坐。时间没有等我，是你忘了带我走，我左

手过目不忘的的萤火，右手里是十年一个漫长的打坐。

花落

左手

时间没有等我，是你忘了带我走，我左手过目不忘的的萤火，右手里是十年一个漫长的打坐。

题目要求：

1.文本框　2.分栏　3.艺术字　4.字符格式(字体、下划线、2倍行距等) 5.页眉　6.首字下沉　7.图片(任意)
8.表格　9.表格格式　10.图形绘制

Excel 试题

生产资料

销售业绩表

日期	销售地区	产品名称	销售额	销售业绩
1995-5-16	东北	塑料	￥1,432.00	好
1995-5-20	东北	塑料	￥2,100.00	
1995-5-23	东北	钢材	￥1,341.00	
1995-5-18	华北	木材	￥1,200.00	
1995-5-21	华北	木材	￥1,355.00	
1995-5-14	华南	钢材	￥1,546.00	
1995-5-12	西北	钢材	￥135.00	
1995-5-24	西北	塑料	￥678.00	
1995-5-19	西南	钢材	￥906.00	
1995-5-22	西南	木材	￥222.20	

题目要求：

1.按样文录入表格

2.表格格式(标题、对齐、数据格式)

3.计算(销售业绩)
条件为：当销售额大于1500 为高，大于 1300为中，否则为低

4.表格底纹和边框

5.表标题格式

6.复制工作表

7.将两个工作表分别命名为"统计表"、"汇总表"

8.按销售地区升序排列

9.在汇总表中按销售地区，对"销售额"进行分类汇总

10.绘制图形

1 2 3		A	B	C	D	E
	1			生产资料		
	2	日期	销售地区	产品名称	销售额	销售业绩
	6		东北 汇总		￥4,873.00	
	9		华北 汇总		￥2,555.00	
	11		华南 汇总		￥1,546.00	
	14		西北 汇总		￥813.00	
	17		西南 汇总		￥1,128.20	
	18		总计		￥10,915.20	

Word 试题

一天 ▭▶ 一世纪

悬着一轮巨大的月亮，冷漠的光辉把人间照得像一出悲惨的话剧。明明只是过去了短短的一天，却像是漫长的一个世纪。天空悬着一轮巨大的月亮，冷漠的光

辉把人间照得像一出悲惨的话剧。明明只是过去了短短的一天，却像是漫长的一个世纪。

天空悬着一轮巨大的月亮，冷漠的光辉把人间照得像一出悲惨的话剧

明明只是过去了短短的一天，却像是漫长的一个世纪。

题目要求：

1.输入文字　2.艺术字　3.首字下沉　4.分栏　5.绘制图形　6.边框和底纹　7.绘制表格　8.表格边框和底纹

9.图片　10.页眉

Excel 试题

姓名	部门	电话	月工资	公积金	保险	实发工资
王1	经理室	2124510	¥2,352.0			
王2	财务室	2124511	¥2,340.0			
王3	门市部	2124512	¥2,090.0			
王4	行政部	2124513	¥2,350.0			
王5	市场部	2124514	¥2,890.0			

说明：公积金为月工资的10%；保险为月工资 1%；实发工资为月工资扣除公积金与保险。

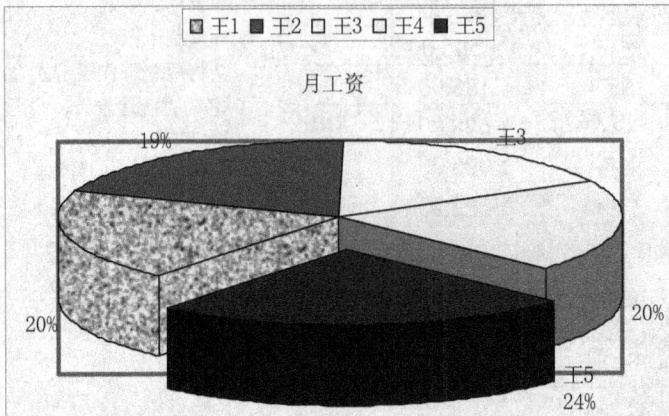

月工资

□王1 □王2 □王3 □王4 ■王5

王3
19%
20%
20%
王5
24%

题目要求：

1.输入文字、自动填充

2.计算

3.货币符号、对齐方式

4.边框底纹

5.图表

6.图形

7.图表颜色设置

8.数据系列标志格式

9.图表字体设置

10.数据点颜色填充、突出显示

Word 试题

练习微笑

所谓练习微笑，不是机械地挪动你的面部表情，而是努力地改变你的心态，调节你的心情。学会平静地接受现实，学会对自己说声顺其自然，学会坦然地面对厄运，学会积极地看待人生，学会凡事都往好处想。这样，阳光就会流进心里来，驱走恐惧，驱走黑暗，驱走所有。

所谓练习微笑[1]，不是机械地挪动你的面部表情，而是努力地改变你的心态，调节你的心情。学会平静地接受现实，学会对自己说声顺

其自然，学会坦然地面对厄运，学会积极地看待人生，学会凡事都往好处想。这样，阳光就会流进心里来，驱走恐惧，驱走黑　　　　暗，驱走所有。

$$\sum_{n-1}^{m} \partial_{n}^{kp}$$

微笑：smile

题目要求：

1.输入文字 2.艺术字 3.剪贴画 4.底纹 5.输入公式 6.插入符号 7.分栏 8.脚注 9.页面边框 10.页眉

Excel 题目：

部分城市消费水平

综合评价指数 ➡100

地区	城市	生活用品	日用生活品	食品	服装	应急开销	总支出
东北	吉林	91.00	93.00	89.25	94.60	200.50	568.35
东北	长春	87.00	92.00	78.68	93.50	236.00	587.18
东北	哈尔滨	76.00	91.00	88.23	98.00	189.80	543.03
东北	大连	85.00	90.00	91.60	90.00	194.60	551.20
东北	沈阳	91.00	89.00	94.60	96.50	187.50	558.60
华北	郑州	78.00	88.00	92.70	92.00	188.80	539.50
华北	济南	92.00	87.00	90.80	90.50	201.00	561.30
华北	石家庄	89.00	86.00	95.80	87.80	178.50	537.50
华东	南京	76.00	85.00	91.10	89.50	176.00	517.60
平均值		¥ 85	¥ 89	¥ 90	¥ 92	¥ 195	¥ 552
最大值		¥ 92	¥ 93	¥ 96	¥ 98	¥ 236	
最小值		¥ 76	¥ 85	¥ 79	¥ 88	¥ 176	

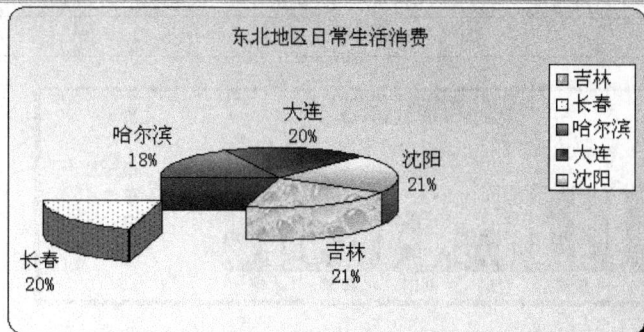

东北地区日常生活消费

哈尔滨 18%　大连 20%　沈阳 21%　长春 20%　吉林 21%

吉林　长春　哈尔滨　大连　沈阳

题目要求：

1.按样文输入数据 2.表格格式 3.调整行高和列宽 4.边框和底纹 5.计算总支出 6.计算平均值、最大、最小值
7.自选图形 8.条件格式(将低于 90 的数据填充为绿色) 9.制作图表 10.图表设置

Word 题目样文：

第 1 页　　　　　　　　　　　　　　　　　　　　自然与音乐

绿色旋律 —— 树叶

树叶，是大自然赋予人类的天然绿色乐器。唐代大诗人白居易有诗云：

苏家小女旧知名，

杨柳风前别有情，
剥条盘作银环样，
卷叶吹为玉笛声。

树叶，是大自然赋予人类的天然绿色乐器。

参展意向书

年　　月　　日

参展单位：			
企业性质：	○国内企业	○合资企业	○独资企业
联系人	电话：		传真：
详细通讯地址			邮编：
备注：			

Excel 题目样文：

重点钢厂产量(一季度)						
产量(万吨)　月	首钢	鞍钢	包钢	武钢	攀钢	本钢
一月	68.495	65.504	25.029	42.261	19.187	21.994
二月	70.356	66.411	26.111	42.842	20.012	22.142
三月	71.124	67.011	26.976	43.081	20.475	22.321
一季度合计						

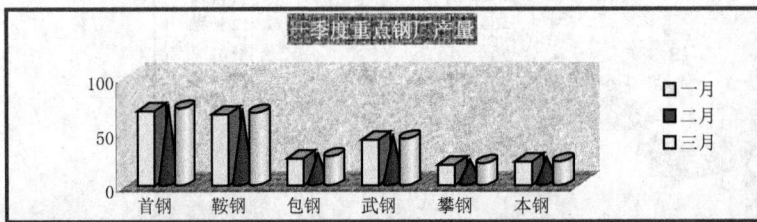

要求：

1. Word 题目中，按样文输入文字，设置格式(分栏、艺术字、页眉等)及绘制表格。

2. Excel 题目中，按样文输入数据，计算合计，绘制图表及按样文设置格式。

Word 题目

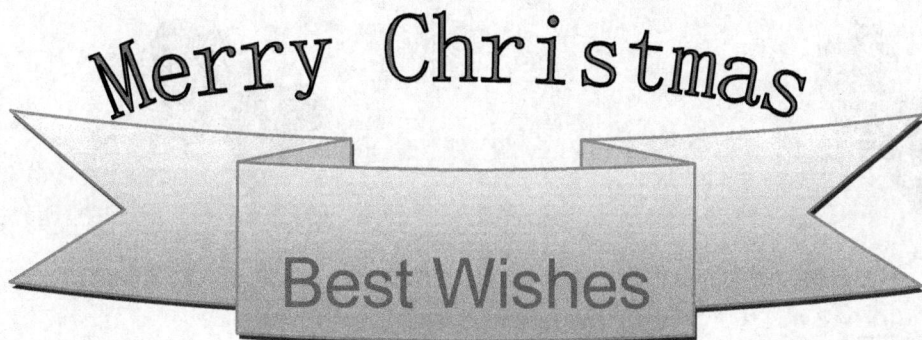

🔔 **圣诞节**是基督教世界最重大的节日，这个节日是为了纪念耶稣基督的 诞生 。

原文 Christm as Mass，意思是"基督的礼拜"。圣诞节是一个宗教节，因而又名 耶诞 节。 🌨 圣诞节这天，许多人 都盼望圣诞给他们带来珍贵的礼物。

题目要求：

1.输入文字 2.特殊符号 3.剪切画 4.绘制图形 5.艺术字 6.字体格式设置 7.下划线8.文字边框 9.分栏 10.页面边框

Excel 题目样文：

一班英语成绩一览表						
学号	姓名	口语	听力	作文	总分	备注
200301	甲	90	99	95		
200302	乙	85	95	90		
200303	丙	83	100	74		
200304	丁	42	45	54		

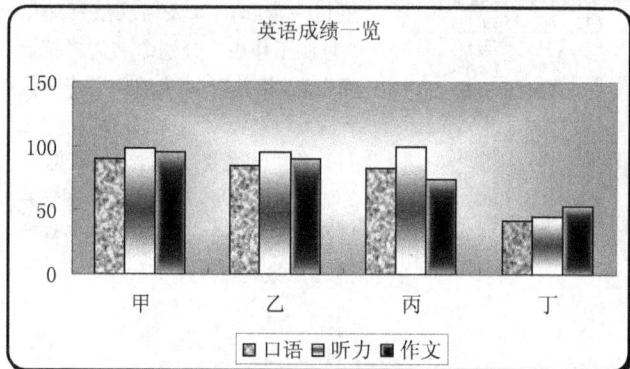

题目要求

1.按样文输入数据

2.计算平均分

3.计算总分

4.在"备注"栏里输入 if 函数：如果"总分"大于 180 分，则在备注栏中填"通过"，否则填"不通过"

5.设置表格格式(边框底纹)

6.绘制图表

7.图表区边框颜色填充

8.数据系列填充

9.绘图区双色填充

10.图例设置

Word 试题

给你一

☞ 不要轻信你听到的每件事，不要花光你的所有，不要想睡多久就睡多久。

☞ 无论何时说"我爱你"，请真心实意。

☞ 无论何时说"对不起"，请看对方的眼睛。

☞ 永远不要忽视别人的梦想。

☞ 深情热烈地爱，也许你会受伤，但这是使人生完整的唯一方法。

题目要求： 按样文输入文字，设置格式。

Excel 试题：

	A	B	C	D	E	F	G
1							
2		诚信公司一季度销售统计					
3		地区	产品	一月	二月	三月	一季度
4		北部	电视机	￥10,111	￥13,400	￥15,600	￥39,111
5		东部	电视机	￥10,800	￥15,670	￥16,500	￥42,970
6		南部	电视机	￥22,100	￥24,050	￥24,500	￥70,650
7		西部	电视机	￥6,750	￥21,500	￥22,510	￥50,760
8		北部	音响	￥12,356	￥15,236	￥16,500	￥44,092
9		东部	音响	￥9,860	￥9,980	￥10,200	￥30,040
10		南部	音响	￥13,270	￥23,500	￥24,100	￥60,870
11							

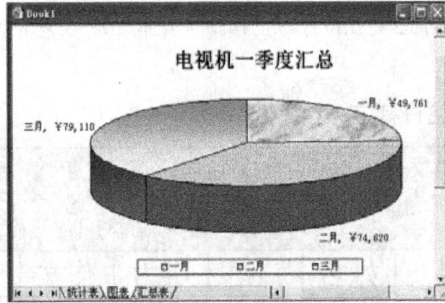

▶ ▶ ▶ \ 统计表 / 汇总表 / 图表 /

电视机一季度汇总

一月，￥49,761
二月，￥74,620
三月，￥79,110

▶ ▶ ▶ \ 统计表 / 图表 / 汇总表 /

1 2 3		A	B	C	D	E	F
	1		诚信公司一季度销售统计				
	2	地区	产品	一月	二月	三月	一季度
	3	北部	电视机	￥10,111	￥13,400	￥15,600	￥39,111
	4	东部	电视机	￥10,800	￥15,670	￥16,500	￥42,970
	5	南部	电视机	￥22,100	￥24,050	￥24,500	￥70,650
	6	西部	电视机	￥6,750	￥21,500	￥22,510	￥50,760
	7		电视机 汇总	￥49,761	￥74,620	￥79,110	￥203,491
	8	北部	音响	￥12,356	￥15,236	￥16,500	￥44,092
	9	东部	音响	￥9,860	￥9,980	￥10,200	￥30,040
	10	南部	音响	￥13,270	￥23,500	￥24,100	￥60,870
	11		音响 汇总	￥35,486	￥48,716	￥50,800	￥135,002
	12		总计	￥85,247	￥123,336	￥129,910	￥338,493

▶ ▶ ▶ \ 统计表 / 汇总表 / 图表 /

题目要求：
1.按样文录入表格 2.表格格式(标题、对齐、数据格式) 3.计算(在季度栏中求和) 4.表格底纹和边框 5.复制工作表，分别命名为"统计表"、"汇总表" 6.在汇总表中按产品，对"一月"、"二月"、"三月"和"一季度"进行分类汇总 7.制作"电视机一季度汇总"图表并放在新工作表中 8.设置图例及标题格式 9.数据点格式

无言独上西楼，月如钩。
寂寞梧桐深院锁清秋。
剪不断，理还乱，是离愁。
别是一般滋味在心头。

相见欢

☞无言独上西楼，月如钩。

☞寂寞梧桐深院锁清秋。

☞剪不断，理还乱，是离愁。

☞别是一般滋味在心头。

Word 题目要求：按样文输入文字，设置格式。

Excel 题目：

样文 1

部分城市消费水平						
综合评价指数 → 100						
地区	城市	生活用品	食品	服装	应急开销	总支出
东北	吉林	91.00	89.25	94.60	200.50	475.35
华北	郑州	90.00	78.68	93.50	236.00	498.18
东北	哈尔滨	76.00	88.23	98.00	189.80	452.03
东北	大连	85.00	91.60	90.00	194.60	461.20
东北	沈阳	91.00	94.60	96.50	187.50	469.60
华东	南京	78.00	92.70	92.00	188.80	451.50
华北	济南	92.00	90.80	90.50	201.00	474.30
华北	石家庄	89.00	95.80	87.80	178.90	451.50
东北	长春	76.00	91.10	89.50	176.00	432.60

样文 2

	A	B	C	D	E	F	G
3		部分城市消费水平					
4		综合评价指数 → 100					
5	地区	城市	生活用品	食品	服装	应急开销	总支出
6	东北	吉林	91.00	89.25	94.60	200.50	475.35
7	东北	哈尔滨	76.00	88.23	98.00	189.80	452.03
8	东北	大连	85.00	91.60	90.00	194.60	461.20
9	东北	沈阳	91.00	94.60	96.50	187.50	469.60
10	东北	长春	76.00	91.10	89.50	176.00	432.60
11	东北 最大值						475.35
12	华北	郑州	90.00	78.68	93.50	236.00	498.18
13	华北	济南	92.00	90.80	90.50	201.00	474.30
14	华北	石家庄	89.00	95.80	87.80	178.90	451.50
15	华北 最大值						498.18
16	华东	南京	78.00	92.70	92.00	188.80	451.50
17	华东 最大值						451.50
18	总计最大值						498.18

要求：在 Excel 题目中，按样文 1 输入数据、设置格式(其中需使用条件格式 If 将低于 90 的数据填充为绿色)、进行分类汇总(结果如样文 2 所示)。

Word 试题

相见欢

林花谢了春红，太匆匆。无奈朝来寒雨，晚来风。
胭脂泪，相留醉，几时重。自是人生长恨，水长东。

无言独上西楼，月如钩。寂寞梧桐深院，锁清秋。
剪不断，理还乱，是离愁。别是一般滋味，在心头。

题目要求：

在 Word 题目中，按样文输入文字，设置格式，插入艺术字，绘制图形并设置格式。

Excel 试题

学生成绩表

班级	姓名	英语	数学	计算机	体育	物理	总分	平均分	名次
32122	王明明	80	78	75	70	75			
35112	李珊	67	76	71	72	72			
31112	周亮	56	53	69	76	69			
37111	王雨	89	82	79	75	71			
38212	张涛	78	68	67	78	68			
最高分									
最低分									

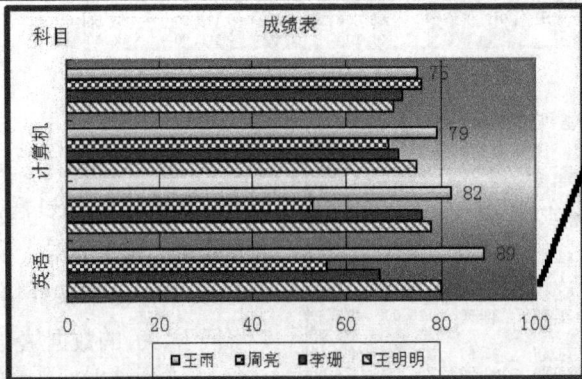

王雨的各科成绩

题目要求：

1.在 Word 题目中，按样文输入文字，设置格式，插入艺术字，绘制图形并设置格式。

2.在 Excel 题目中，按样文输入数据、计算机、设置格式、制作表格。

Word 试题

生活里,有很多转瞬即逝,像在车站的告别,刚刚还相互拥抱,转眼已各自天涯。很多时候,你不懂,我也不懂,就这样,说着说着就变了,听着听着就倦了,看着看着就厌了,跟着跟着就慢了,走着走着就散了,爱着爱着就淡了,想着想着就算了。

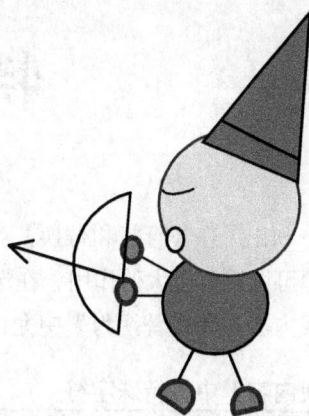

题目要求:

1.输入文字　2.设置分栏　3.首字下沉　4.字体设置　5.绘制表格　6.表格边框和底纹　7.绘制图形　8.设置图形　9.页面边框　10 页眉设置

Excel 试题

五城市降水量
单位(毫米)

城市	一	二	三	四	五	六	上半年总量	上半年平均量
北京	13.3	15.7	22.4	14.7	12.9	39.2		
上海	65	68.3	110.3	78.3	85.6	207.8		
哈尔滨	1.1	8	2.6	22.1	27.1	166.2		
海口	9.9	21.8	30.8	113.7	100.9	266.9		
乌鲁木齐	3.2	22.7	34.4	15.8	36.8	52.6		

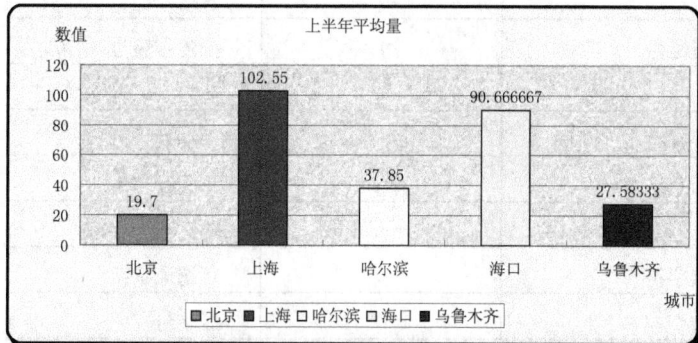

上半年平均量

城市	数值
北京	19.7
上海	102.55
哈尔滨	37.85
海口	90.666667
乌鲁木齐	27.58333

图例:北京　上海　哈尔滨　海口　乌鲁木齐

题目要求:

1.按样文录入表格　2.表格标题　3.表格格式(对齐、数据格式)　4.计算总量及平均量　5.设置表格底纹和边框　6.制作图表　7.设置图标区及绘图区格式　8.设置图例格式　9 设置数据标志格式　10.图表标题

附录2　Word查找和替换中的特殊字符

本部分列出了在【查找和替换】对话框中可以使用的特殊字符，这些特殊字符在查找和替换操作中可以发挥巨大的作用。在选中【使用通配符】或取消选中【使用通配符】复选框时，【查找内容】和【替换为】中允许使用的特殊字符是不相同的，具体见下表。

【查找内容】中的特殊字符

选中【使用通配符】复选框时		取消选中【使用通配符】复选框时	
字　符　代　码	含　义	字　符　代　码	含　义
?	任意单个字符	^?	任意字符
*	0 个或多个字符	^#	任意数字
@	重复前一字符至少一次	^$	任意字母
{m,n}	重复前一字符 m~n 次	^e	尾注标记
()	创建表达式	^f	脚注标记
[-]	指定包含的字符或数字	^d	域
!	非，即取反、不包含	^w	空白区域
<	单词开头	^b	分节符
>	单词结尾	^v	段落符号
^13	段落标记	^p	段落标记
^t	制表符	^t	制表符
^n	分栏符	^n	分栏符
^m	分页符/分节符	^%	分节符
^i	省略号	^i	省略号
^j	全角省略号	^j	全角省略号
^g	图形	^g	图形
^l	手动换行符	^l	手动换行符
^s	不间断空格	^s	不间断空格
^~	不间断连字符	^~	不间断连字符
^-	可选连字符	^-	可选连字符
^^	脱字号	^^	脱字号

(续表)

选中【使用通配符】复选框时		取消选中【使用通配符】复选框时	
字 符 代 码	含 义	字 符 代 码	含 义
^+	长划线	^+	长划线
^q	1/4 长划线	^q	1/4 长划线
^=	短划线	^=	短划线
^x	无宽可选分隔符	^x	无宽可选分隔符
^z	无宽非分隔符	^z	无宽非分隔符
		^m	手动分页符

【替换为】中的特殊字符

选中【使用通配符】复选框时		取消选中【使用通配符复选框时	
字 符 代 码	含 义	字 符 代 码	含 义
^p	段落标记	^p	段落标记
\n，n 表示表达式的序号	要查找的表达式	^c	剪贴板中的内容
^c	剪贴板中的内容	^&	【查找内容】中的内容
^&	【查找内容】中的内容	^t	制表符
^t	制表符	^%	分节符
^%	分节符	^v	段落符号
^v	段落符号	^n	分栏符
^n	分栏符	^i	省略号
^i	省略号	^j	全角省略号
^j	全角省略号	^l	手动换行符
^l	手动换行符	^m	手动分页符
^m	手动分页符	^s	不间断空格
^s	不间断空格	^~	不间断连字符
^~	不间断连字符	^-	可选连字符
^-	可选连字符	^^	脱字号
^^	脱字号	^+	长划线
^+	长划线	^q	1/4 长划线
^q	1/4 长划线	^=	短划线
^=	短划线	^x	无宽可选分隔符
^x	无宽可选分隔符	^z	无宽非分隔符
^z	无宽非分隔符		

附录3　Excel函数速查表

本部分列出了 Excel 2010 所有函数的完整列表，包括新增函数与兼容性函数。

逻辑函数

函　数	功　能
AND	判断多个条件是否同时成立
FALSE	返回逻辑值 False
IF	根据条件判断而获取不同结果
IFERROR	如果公式的计算结果错误，则返回指定的值；否则返回公式的结果
NOT	对逻辑值求反
OR	判断多个条件中是否至少有一个条件成立
TRUE	返回逻辑值 True

信息函数

函　数	功　能
CELL	获取有关单元格格式、位置或内容的信息
ERROR.TYPE	获取对应于错误类型的数字
INFO	获取有关当前操作环境的信息
ISBLANK	如果值为空，则返回 True
ISERR	如果值为除#N/A 以外的任何错误值，则返回 True
ISERROR	如果值为任何错误值，则返回 True
ISEVEN	如果数字为偶数，则返回 True
ISLOGICAL	如果值为逻辑值，则返回 True
ISNA	如果值为错误值#N/A，则返回 True
ISNONTEXT	如果值不是文本，则返回 True
ISNUMBER	如果值为数字，则返回 True
ISODD	如果值为奇数，则返回 True
ISREF	如果值为一个引用，则返回 True
ISTEXT	如果值为文本，则返回 True
N	获取转换为数字的值
NA	获取错误值#N/A
TYPE	获取表示值的数据类型的数字

文本函数

函　数	功　能
ASC	将全角(双字节)字符转换为半角(单字节)字符
BAHTTEXT	将数字转换为泰语文本
CHAR	获取与数值序号对应的字符
CLEAN	删除文本中所有非打印字符
CODE	获取与字符对应的数值序号
CONCATENATE	将多个文本合并到一处
DOLLAR	将数字转换为美元文本
EXACT	比较两个文本是否相同
FIND 和 FINDB	区分大小写的方式精确查找
FIXED	将数字按指定的小数位数取整
JIS	将半角(单字节)字符转换为全角(双字节)字符
LEFT 和 LEFTB	从文本最左侧开始提取字符
LEN 和 LENB	获取文本中的字符个数
LOWER	将文本转换为小写
MID 和 MIDB	从文本指定位置开始提取字符
PHONETIC	获取文本中的拼音(汉字注音)字符
PROPER	将文本中每个单词的首字母转换为大写
REPLACE 和 REPLACEB	以指定位置替换
REPT	生成重复的字符
RIGHT 和 RIGHTB	从文本最右侧开始提取字符
SEARCH 和 SEARCHB	不区分大小写的方式进行查找
SUBSTITUTE	指定文本替换
T	将参数转换为文本
TEXT	以多样化格式设置函数
TRIM	删除文本中的空格
UPPER	将文本转换为大写
VALUE	将文本转换为数字
WIDECHAR	将半角字符转换为全角字符

数学和三角函数

函　数	功　能
ABS	计算数字的绝对值
ACOS	计算数字的反余弦值
ACOSH	计算数字的反双曲余弦值

(续表)

函　数	功　　能
AGGREGATE	获取列表或数据库中的集合
ASIN	计算数字的反正弦值
ASINH	计算数字的反双曲正弦值
ATAN	计算数字的反正切值
ATAN2	计算给定坐标的反正切值
ATANH	计算数字的反双曲正切值
CEILING	以远离 0 的指定倍数舍入
CEILING.PRECISE	将数字向上舍入为最接近的整数或最接近的指定基数的倍数。和该数字的符号无关
COMBIN	计算给定数目对象的组合数
COS	计算数字的余弦值
COSH	计算数字的双曲余弦值
DEGREES	将弧度转换为角度
EVEN	沿绝对值增大的方向舍入到最接近的偶数
EXP	计算 e 的 n 次方
FACT	计算数字的阶乘
FACTDOUBLE	计算数字的双倍阶乘
FLOOR	以接近 0 的指定倍数舍入
FLOOR.PRECISE	将数字向下舍入为最接近的整数或最接近的指定基数的倍数。和该数字的符号无关
GCD	计算最大公约数
INT	计算永远小于原数字的最接近的整数
LCM	计算最小公倍数
LN	计算自然对数
LOG	计算以指定底为底的对数
LOG10	计算以 10 为底的对数
MDETERM	计算数组的矩阵行列式的值
MINVERSE	计算数组的逆矩阵
MMULT	计算两个数组的矩阵乘积
MOD	求商的余数
MROUND	计算一个舍入到所需倍数的数字
MULTINOMIAL	计算一组数字的多项式
ODD	沿绝对值增大的方向舍入到最接近的奇数
PI	获取 pi 的值

(续表)

函　　数	功　　能
POWER	计算数字的乘幂
PRODUCT	计算数字的乘积
QUOTIENT	获取商的整数部分
RADIANS	将度转换为弧度
RAND	获取 0 和 1 之间的一个随机数
RANDBETWEEN	获取介于两个指定数字之间的一个随机数
ROMAN	将阿拉伯数字转换为文本格式的罗马数字
ROUND	将数字按指定位数舍入
ROUNDDOWN	舍入到接近 0 的数字
ROUNDUP	舍入到远离 0 的数字
SERIESSUM	计算基于公式的幂级数的和
SIGN	获取数字的符号
SIN	计算给定角度的正弦值
SINH	计算数字的双曲正弦值
SQRT	计算正平方根
SQRTPI	计算某数与 pi 的乘积的平方根
SUBTOTAL	获取指定区域的分类汇总结果
SUM	对指定单元格求和
SUMIF	按给定条件对指定单元格求和
SUMIFS	按给定的多个条件对指定单元格求和
SUMPRODUCT	计算对应数组元素的乘积和
SUMSQ	计算参数的平方和
SUMX2MY2	计算两个数组中对应值平方差之和
SUMX2PY2	计算两个数组中对应值平方和之和
SUMXMY2	计算两个数组中对应值差的平方和
TAN	计算数字的正切值
TANH	计算数字的双曲正切值
TRUNC	获取数字的整数部分

统计函数

函　　数	功　　能
AVEDEV	计算数据点与其平均值的绝对偏差的平均值
AVERAGE	计算参数的平均值

(续表)

函　数	功　能
AVERAGEA	计算参数的平均值，包括数字、文本和逻辑值
AVERAGEIF	计算满足给定条件的所有单元格的平均值
AVERAGEIFS	计算满足多个给定条件的所有单元格的平均值
BETA.DIST	获取 Beta 累积分布函数
BETA.INV	获取指定 Beta 分布的累积分布函数的反函数
BINOM.DIST	计算一元二项式分布的概率值
BINOM.INV	计算使累积二项式分布小于或等于临界值的最小值
CHISQ.DIST	获取累积 Beta 概率密度函数
CHISQ.DIST.RT	获取 χ2 分布的单尾概率
CHISQ.INV	获取累积 Beta 概率密度函数
CHISQ.INV.RT	获取 γ2 分布的单尾概率的反函数
CHISQ.TEST	获取独立性检验值
CONFIDENCE.NORM	获取总体平均值的置信区间
CONFIDENCE.T	获取总体平均值的置信区间(使用学生的 t 分布)
CORREL	获取两个数据集之间的相关函数
COUNT	计算参数列表中数字的个数
COUNTA	计算参数列表中值的个数
COUNTBLANK	计算空白单元格的数量
COUNTIF	计算满足给定条件的单元格的数量
COUNTIFS	计算满足多个给定条件的单元格的数量
COVARIANCE.P	计算协方差，即成对偏差乘积的平均值
COVARIANCE.S	计算样本协方差，即两个数据集中每对数据点的偏差乘积的平均值
DEVSQ	计算偏差的平方和
EXPON.DIST	获取指数分布
F.DIST	获取 F 概率分布
F.DIST.RT	获取 F 概率分布
F.INV	获取 F 概率分布的反函数值
F.INV.RT	获取 F 概率分布的反函数值
FISHER	获取 Fisher 变换值
FISHERINV	获取 Fisher 变换的反函数值
FORECAST	获取沿线性趋势的值
FREQUENCY	以垂直数组的形式获取频率分布

(续表)

函　　数	功　　能
F.TEST	获取 F 检验的结果
GAMMA.DIST	获取 γ 分布
GAMMA.INV	获取 γ 累积分布函数的反函数
GAMMALN	获取 γ 函数的自然对数
GAMMALN.PRECISE	获取 γ 函数的自然对数
GEOMEAN	计算几何平均值
GROWTH	计算沿指数趋势的值
HARMEAN	计算调和平均值
HYPGEOM.DIST	获取超几何分布
INTERCEPT	获取线性回归线的截距
KURT	获取数据集的峰值
LARGE	获取数据集中第 k 个最大值
LINEST	获取线性趋势的参数
LOGEST	获取指数趋势的参数
LOGNORM.INV	获取对数累积分布的反函数
LOGNORM.DIST	获取对数累积分布函数
MAX	获取参数列表中的最大值，忽略文本和逻辑值
MAXA	获取参数列表中的最大值，包括文本和逻辑值
MEDIAN	获取给定数值集合的中值
MIN	获取参数列表中最小值，忽略文本和逻辑值
MINA	获取参数列表中最小值，包括文本和逻辑值
MODE.NULT	获取一组数据或数据区域中出现频率最高或重复出现的数值的垂直数组
MODE.SNGL	获取数据集内出现次数最多的值
NEGBINOM.DIST	获取负二项式分布
NORM.DIST	获取正态累积分布
NORM.INV	获取标准正态累积分布的反函数
NORM.S.DIST	获取标准正态累积分布
NORM.S.INV	获取标准正态累积分布的反函数
PEARSON	获取 Pearson 乘积矩相关系数
PERCENTILE.EXC	获取区域中数值的第 k 个百分点的值(k 取值在 0 和 1 之间，但不包括 0 和 1)
PERCENTILE.INC	获取区域中数值的第 k 个百分点的值

(续表)

函　　数	功　　能
PERCENTRANK.EXC	获取数据集中值的百分比排位,此处的百分点值的范围在 0 和 1 之间,但不包含 0 和 1
PERCENTRANK.INC	获取数据集中值的百分比排位
PERMUT	获取给定数目对象的排列数
POISSON.DIST	获取泊松分布
PROB	获取区域中的数值落在指定区间内的概率
QUARTILE.EXC	获取数据集的四分位数,此处的百分点值的范围在 0 和 1 之间,但不包含 0 和 1
QUARTILE.INC	获取数据集的四分位数
RANK.AVG	获取一个数字在数字列表中的排位
RANK.EQ	获取一个数字在数字列表中的排位
RSQ	获取 Pearson 乘积矩相关系数的平方
SKEW	获取分布的不对称度
SLOPE	获取线性回归线的斜率
SMALL	获取数据集中的第 k 个最小值
STANDARDIZE	获取正态化数值
STDEVA	估算基于样本的标准偏差,包括文本和逻辑值
STDEVPA	估算基于整个样本总体的标准偏差,包括文本和逻辑值
STDEV.P	估算基于整个样本总体的标准偏差,忽略文本和逻辑值
STDEV.S	估算基于样本的标准偏差,忽略文本和逻辑值
STEYX	获取通过线性回归法预测每个 x 的 y 值时所产生的标准误差
T.DIST	获取学生的 t 分布的百分点
T.DIST.2T	获取学生的 t 分布的百分点
T.DIST.RT	获取学生的 t 分布
T.INV	获取作为概率和自由度函数的学生 t 分布的 t 值
T.INV.2T	获取学生的 t 分布的反函数
TREND	获取沿线性趋势的值
TRIMMEAN	获取数据集的内部平均值
T.TEST	获取与学生的 t 检验相关的概率
VARA	计算基于给定样本的方差,包括文本和逻辑值
VARPA	计算基于整个样本总体的方差,包括文本和逻辑值
VAR.P	计算基于整个样本总体的方差,忽略文本和逻辑值
VAR.S	计算基于给定样本的方差,忽略文本和逻辑值
WEIBULL.DIST	获取韦伯分布
Z.TEST	获取 z 检验的单尾概率值

查找和引用函数

函　数	功　能
ADDRESS	获取与给定的行号和列号对应的单元格地址
AREAS	获取引用中包含的区域量数
CHOOSE	根据给定序号从列表中选择对应的内容
COLUMN	获取单元格或单元格区域首列的列号
COLUMNS	获取数据区域的列数
GETPIVOTDATA	获取数据透视表中的数据
HLOOKUP	在数据区域的行中查找数据
HYPERLINK	为指定内容创建超链接
INDEX	获取指定位置中的内容
INDIRECT	获取由文本值指定的引用
LOOKUP	仅在单行单列中查找
MATCH	获取指定内容所在的区域
OFFSET	根据给定的偏移量获取新的引用区域
ROW	获取单元格或单元格区域首行的行号
ROWS	获取数据区域的行数
RTD	获取支持 COM 自动化程序的实时数据
TRANSPOSE	转置数据区域的行列位置
VLOOKUP	在数据区域的列中查找数据

日期和时间函数

函　数	功　能
DATE	获取指定日期的数值序号
DATEVALUE	将常规的日期形式转换为数值序号
DAY	获取日期中具体的某一天
DAYS360	以一年 360 天为基准计算两个日期间的天数
EDATE	计算从起始日前几个月或后几个月的日期的数值序号
EOMONTH	计算从起始日期前几个月或后几个月的月份最后一天的数值序号
HOUR	获取小时数
MINUTE	获取分钟数
MONTH	获取月份
NETWORKDAYS	计算两个日期间的所有工作天数
NETWORKDAYS.INTL	计算两个日期的所有工作天数(使用参数指明周末有几天并指明是哪几天)
NOW	获取当前日期和时间
SECOND	获取秒数

(续表)

函　数	功　能
TIME	将指定内容显示为一个时间
TIMEVALUE	将文本格式的时间转换为数值序号
TODAY	获取当前日期
WEEKDAY	获取当前日期是星期几
WEEKNUM	获取某个日期位于一年中的第几周
WORKDAY	计算与指定日期相隔数个工作日的日期
WORKDAY.INTL	计算与指定日期相隔数个工作日的日期(使用参数指明周末有几天并指明是那几天)
YEAR	获取年份
YEARFRAC	计算从起始日期到终止日期所经历的天数占全年天数的百分比

财务函数

函　数	功　能
ACCRINT	计算定期支付利息的有价证券的应计利息
ACCRINTM	计算在到期日支付利息的有价证券的应计利息
AMORDEGRC	计算每个结算期间的折旧值(折旧系数取决于资产的寿命)
AMORLINC	计算每个结算期间的折旧值
COUPDAYBS	计算当前付息期内截止到结算日的天数
COUPDAYS	计算结算日所在的付息期的天数
COUPDAYSNC	计算从结算日到下一付息日之间的天数
COUPNCD	计算成交日之后的下一个付息日
COUPNUM	计算成交日和到期日之间的应付利息次数
COUPPCD	计算成交日之前的上一付息日
CUMIPMT	计算两个付款期之间累计支付的利息
CUMPRINC	计算两个付款期之间为贷款累计支付的本金
DB	使用固定余额递减法计算一笔资产在给定期间内的折旧值
DDB	使用双倍余额递减法或其他方法计算一笔资产在给定期间内的折旧值
DISC	计算有价证券的贴现率
DOLLARDE	将以分数表示的美元价格转换为以小数表示的美元价格
DOLLARFR	将以小数表示的美元价格转换为以分数表示的美元价格
DURATION	计算定期支付利息的有价证券的年度期限
EFFECT	计算有效年利率
FV	计算一笔投资的未来值
FVSCHEDULE	应用一系列复利率计算初始本金的未来值
INTRATE	计算一次性付息证券的利率

(续表)

函　数	功　能
IPMT	计算一笔投资在给定期间内支付的利息
IRR	计算一系列现金流的内部收益率
ISPMT	计算特定投资期内要支付的利息
MDURATION	计算假设面值为￥100 的有价证券的 Macauley 修正期限
MIRR	计算正负现金流在不同利率下支付的内部收益率
NOMINAL	计算名义年利率
NPER	计算投资的期数
NPV	基于一系列定期的现金流和贴现率计算投资的净现值
ODDFPRICE	计算首期付息日不固定的面值￥100 的有价证券价格
ODDFYIELD	计算首期付息日不固定的有价证券的收益率
ODDLPRICE	计算末期付息日不固定的面值￥100 的有价证券的价格
ODDLYIELD	计算末期付息日不固定的有价证券的收益率
PMT	计算年金的定期支付金额
PPMT	计算一笔投资在给定期间内偿还的本金
PRICE	计算定期付息日的面值￥100 的有价证券的价格
PRICEDISC	计算折价发行的面值￥100 的有价证券的价格
PRICEMAT	计算到期付息的面值￥100 的有价证券的价格
PAV	计算投资的现值
RATE	计算年金的各期利率
RECEIVED	计算一次性付息的有价证券到期收回的金额
SLN	计算某项资产在一个期间中的线性折旧值
SYD	计算某项资产按年限总和折旧法计算的指定期间的折旧值
TBILLEQ	计算国库券的等价债券收益
TBILLPRICE	计算面值￥100 的国库券的价格
TBILLYIELD	计算国库券的收益率
VDB	使用余额递减法计算一笔资产在给定期间或部分期间内的折旧值
XIRR	计算一组未必定期发生的现金流的内部收益率
XNPV	计算一组未必定期发生的现金流的净现值
YIELD	计算定期支付利息的有价证券的收益率
YIELDDLSC	计算折价发行的有价证券的年收益率
YIELDMAT	计算到期付息的有价证券的年收益率

工程函数

函　　数	功　　能
BESSELI	获取修正的贝赛尔函数 In(x)
BESSELJ	获取贝赛尔函数 Jn(x)
BESSELK	获取修正的贝赛尔函数 Kn(x)
BESSKLY	获取贝赛尔函数 Yn(x)
BIN2DEC	将二进制转换为十进制数
BIN2HEX	将二进制转换为十六进制数
BIN2OCT	将二进制转换为八进制数
COMPLEX	将实系数和虚系数转换为复数
CONVERT	将数字从一种度量系统转换为另一种度量系统
DEC2BIN	将十进制数转换为二进制数
DEC2HEX	将十进制数转换为十六进制数
DEC2OCT	将十进制数转换为八进制数
DELTA	测试两个值是否相等
ERF	获取误差函数
ERF.PRECISE	获取误差函数
ERFC	获取余误差函数
ERFC.PRECISE	获取从 x 到无穷大积分的互补 ERF 函数
GESTEP	测试某值是否大于阈值
HEX2BIN	将十六进制数转换为二进制数
HEX2DEC	将十六进制数转换为十进制数
HEX2OCT	将十六进制数转换为八进制数
IMABS	计算复数的绝对值(模数)
IMAGINARY	获取复数的虚系数
IMARGUMENT	获取一个以弧度表示的角度的参数 theta
IMCONJUGATE	获取复数的共轭复数
IMCOS	计算复数的余弦
IMDIY	计算两个复数的商
IMEXP	计算复数的指数
IMLN	计算复数的自然对数
IMLOG10	计算复数的以 10 为底的对数
IMLOG2	计算复数的以 2 为底的对数
IMPOWER	计算复数的整数幂
IMPRODUCT	计算复数的乘积
IMREAL	获取复数的实系数

(续表)

函　数	功　能
IMSIN	计算复数的正弦
IMSQRT	计算复数的平方根
IMSUB	计算两个复数的差
IMSUM	计算多个复数的和
OCT2BIN	将八进制转换为二进制
OCT2DEC	将八进制数转换为十进制
OCT2HEX	将八进制数转换为十六进制数

数据库函数

函　数	功　能
DAVERAGE	计算满足条件的数值的平均值
DCOUNT	计算满足条件的包含数字的单元格个数
DCOUNTA	计算满足条件的非空单元格个数
DGET	获取符合条件的单个值
DMAX	获取满足条件的列表中的最大值
DMIN	获取满足条件的列表中的最小值
DPRODUCT	计算满足条件的数值的乘积
DSTDEV	获取满足条件的数字作为一个样本估算出的样本总体标准偏差
DSTDEVP	获取满足条件的数字作为样本总体计算出的总体标准偏差
DSUM	计算满足条件的数字的和
DVAR	获取满足条件的数字作为一个样本估算出的样本总体方差
DVARP	获取满足条件的数字作为样本总体计算出的样本总体方差

多维数据集函数

函　数	功　能
CUBEKPIMEMBER	获取关键性能指示属性并显示名称
CUBEMEMBER	获取多维数据集中的成员或元组
CUBEMEMBERPROPERTY	获取多维数据集中成员属性的值
CUBERANKEDMEMBER	获取集合中的第 n 个成员或排名成员
CUBESET	定义成员或元组的计算集
CUBESETCOUNT	获取集合中的项目数
CUBEVALUE	获取多维数据集中的汇总值

加载宏和自动化函数

函　数	功　能
CALL	调用动态链接库或代码源中的程序
EUROCONVERT	欧洲货币间的换算
REGISTER.ID	获取已注册的指定动态链接库或代码源的注册号
SQL.REQUEST	以数组的形式返回外部数据源的查询结果

兼容性函数

函　数	功　能
BETADIST	获取 Beta 累积分布函数
BETAINV	获取指定 Beta 分部的累积分布函数的反函数
BINOMDIST	计算一元二项式分布的概率值
CHIDIST	获取 x2 分布的单尾概率
CHIINV	获取 γ2 分布的单尾概率的反函数
CHITEST	获取独立性检验值
CONFIDENCE	获取总体平均的置信区间
COVAR	计算协方差，即成对偏差乘积的平均值
CRITBINOM	计算使累积二项式分布小于或等于临界值的最小值
EXPONDIST	获取指数分布
FDIST	获取 F 概率分布
FINV	获取 F 概率分布的反函数值
FTEST	获取 F 检验的结果
GAMMADIST	获取 γ 分布
GAMMAINV	获取 γ 累积分布函数的反函数
HYPGEQMDIST	获取超几何分布
LOGINV	获取对数分布函数的反函数
LOGNORMDIST	获取对数累积分布函数
MODE	获取在数据集中出现次数最多的值
NEGBINOMDIST	获取负二项式分布
NQRMDIST	获取正态积累分布
NORMINV	获取标准正态积累分布的反函数
NORMSDIST	获取标准正态积累分布
NORMSINV	获取标准正态积累分布函数的反函数
PERCENTILE	获取区域中数值的第 K 个百分点的值
PERCENTRANK	获取数据集中值的百分比排位
PQISSON	获取泊松分布

(续表)

函　数	功　能
QUARTILE	获取数据集的四分位数
RANK	获取一个数字在数字列表中的排位
STDEV	估算基于样本的标准偏差，忽略文本和逻辑值
STDEVP	估算基于整个样本总体的标准偏差，忽略文本和逻辑值
STEYX	获取通过线性回归法预测每个 x 的 y 值时所产生的标准误差
TDIST	获取学生 t 的分布
TINV	获取学生 t 的分布的反函数
TTEST	获取与学生的 t 检验相关的概率
VAR	计算机与给定样本的方差，忽略文本和逻辑值
VARP	计算基于整个样本总体的方差，忽略文本和逻辑值
WEIBULL	获取韦伯分布
ZTEST	获取 z 检验的单尾概率值

附录4　Office常用快捷键

本部分列出了 Word、Excel 和 PowerPoint 中常用的快捷键，当按键不止一个时，各按键之间以"+"相连。

Word 常用快捷键

文档基本操作的快捷键

快　捷　键	功　能
F1	显示帮助
Ctrl+F1	隐藏或显示功能区
Ctrl+N	新建文档
Ctrl+O 或 Ctrl+F12 或 Ctrl+Alt+F2	打开文档
Ctrl+S 或 Shift+F12 或 Alt+Shift+F2	保存文档
F12	另存文档
Ctrl+W	关闭文档
Ctrl+P 或 Ctrl+Shift+12	打印文档
Alt+F4	退出 Word 程序
Alt+Ctrl+P	切换到页面视图
Alt+Ctrl+O	切换到大纲视图
Alt+Ctrl+N	切换到草稿视图
Alt+Ctrl+S	拆分文档窗口
Alt+Shift+C	取消拆分的文档窗口
Esc	关闭当前打开的对话框
Ctrl+*	显示或隐藏编辑标记

定位光标位置的快捷键

快　捷　键	功　能
左箭头键	左移一个字符
右箭头键	右移一个字符
上箭头键	上移一行
下箭头键	下移一行
Ctrl+左箭头键	左移一个单词

(续表)

快　捷　键	功　　能
Ctrl+右箭头键	右移一个单词
Ctrl+上箭头键	上移一段
Ctrl+下箭头键	下移一段
Ctrl+End	移至行尾
Ctrl+Home	移至行首
Alt+Ctrl+PageUp	移至窗口顶端
Alt+Ctrl+PageDown	移至窗口结尾
PageUp	上移一屏
PageDown	下移一屏
Ctrl+ PageDown	移至下页顶端
Ctrl+ PageUp	移至上页顶端
Ctrl+ End	移至文档结尾
Ctrl+ Home	移至文档开头
Shift+F5	移至上一次关闭时进行操作的位置

选择文本的快捷键

快　捷　键	功　　能
Shift+向右键	将所选内容向右扩展一个字符
Shift+向左键	将所选内容向左扩展一个字符
Shift+向下键	将所有内容向下扩展一行
Shift+向上键	将所有内容向上扩展一行
Ctrl+ Shift+向右键	将所选内容扩展到字词的末尾
Ctrl+ Shift+向左键	将所选内容扩展到字词的开头
Ctrl+ Shift+向下键	将所选内容扩展到段落的末尾
Ctrl+ Shift+向上键	将所选内容扩展到段落的开头
Shift+End	将所选内容扩展到一行的末尾
Shift +Home	将所选内容扩展到一行的开头
Shift+PageDown	将所有内容向下扩展一屏
Shift+PageUp	将所选内容向上扩展一屏
Ctrl + Shift+Home	将所选内容扩展到文档开头
Ctrl+Shift+End	将所选内容扩展到文档末尾
Alt+Ctrl+Shift+PageDown	将所选内容扩展到窗口末尾
Alt+ Ctrl +Shift+ PageUp	将所选内容扩展到窗口开头
Ctrl+A	选择文档内所有内容

(续表)

快捷键	功　能
F8	使用扩展模式选择
ESC	关闭扩展模式
按住 Alt 拖动鼠标	纵向选择内容

编辑文本快捷键

快捷键	功　能
Ctrl+C	复制所选内容
Ctrl+X	剪切所选内容
Ctrl+V	粘贴内容
Ctrl+Alt+V	选择性粘贴
Ctrl+ Shift+C	仅复制格式
Ctrl+ Shift+V	仅粘贴格式
BackSpace	删除光标左侧的一个字符
Ctrl+ BackSpace	删除光标左侧的一个单词
Delete	删除光标右侧的一个字符
Ctrl+ Delete	删除光标右侧的一个单词
Ctrl+F	打开【导航】窗格中的【搜索】选项卡
Ctrl+H	打开【查找和替换】对话框的【替换】选项卡
Ctrl+G	打开【查找和替换】对话框的【定位】选项卡
Alt +F3	选中内容后将打开【新建构建基块】对话框
Alt +Ctrl+Y	打开【查找和替换】对话框的【查找】选项卡
Ctrl+Z	撤销上一步操作
Ctrl+Y	恢复或重复上一步操作
F4	重复上一步操作
Shift+F5 或 Alt+Ctrl+Z	在最后四个已编辑过的位置间切换

设置字体格式快捷键

快捷键	功　能
Ctrl+ shift+>	增大字号
Ctrl+ shift+<	减小字号
Ctrl+]	逐磅增大字号
Ctrl+[	逐磅减小字号

(续表)

快　捷　键	功　　能
Ctrl+B	使文字加粗
Ctrl+I	使文字倾斜
Ctrl+U	给文字加下划线
Ctrl+ shift+D	给文字加双下划线
Ctrl+等号	应用下标格式
Ctrl+ shift+等号	应用上标格式
Ctrl +D	打开【字体】对话框

设置段落格式的快捷键

快　捷　键	功　　能
Ctrl +1	单倍行距
Ctrl +2	双倍行距
Ctrl+5	1.5 倍行距
Ctrl+0	在段前添加或删除一行间距
Ctrl+L	左对齐
Ctrl+R	右对齐
Ctrl+E	居中对齐
Ctrl+J	两端对齐
Ctrl+ Shift+J	分散对齐
Ctrl+M	左缩进
Ctrl+ Shift+M	取消左缩进
Ctrl+T	悬挂缩进
Ctrl+ Shift+T	减小悬挂缩进量
Ctrl+Tab	插入制表符
Alt+ Ctrl+shift+S	打开【样式】任务窗格
Ctrl+ Shift+S	打开【应用样式】任务窗格
Ctrl+ Shift+N	应用【正文】样式
Alt+ Ctrl+1	应用【标题 1】样式
Alt+ Shift+2	应用【标题 2】样式
Alt+ Shift+3	应用【标题 3】样式
Alt+ Shift+向左键	提升段落级别
Alt+ Shift+向右键	降低段落级别
Alt+ Shift+向上键	上移所选段落
Alt+ Shift+向下键	下移所选段落

(续表)

快　捷　键	功　　能
Alt+ Shift+加号	展开标题下的文本(仅限大纲视图)
Alt+ Shift+减号	折叠标题下的文本(仅限大纲视图)
Alt+ Shift+A	展开或折叠所有文本或标题(仅限大纲视图)
Alt+ Shift+L	显示首行正文或所有正文(仅限大纲视图】
Alt+ Shift+1	显示所有具有【标题 1】样式的标题(仅限大纲视图)
Alt+ Shift+n	显示从【标题 1】到【标题 n】的所有标题（仅限大纲视图）

操作表格的快捷键

快　捷　键	功　　能
Tab	定位到一行中的下一个单元格(或选择下一个单元格的内容)
Shift+Tab	定位到一行中的上一个单元格(或选择上一个单元格的内容)
Alt+Home	定位到一行中的第一个单元格
Alt+End	定位到一行中的最后一个单元格
Alt+pageUp	定位到一列中的第一个单元格
Alt+pageDown	定位到一列中的最后一个单元格
向上键	定位到上一行
向下键	定位到下一行
Shift+向上键	向上选择一行
Shift+向下键	向下选择一行
Alt+Shift+PapeDown	从上到下选择光标所在的列
Alt+Shift+PageUp	从下到上选择光标所在的列
Alt+数字键盘上的 5 (需关闭 NumLock)	选定整张表格
Alt+shift+向上键	将当前内容上移一行
Alt+shift+向下键	将当前内容下移一行
Ctrl+Tab	在单元格中插入制表符

域和宏的快捷键

快捷键	功　能
Ctrl+F9	插入空白域
F9	更新选定的域
Shift+F9	在当前选择的域代码及域结果间切换
Alt+F9	在文档内所有域代码及域结果间切换

(续表)

快　捷　键	功　　能
Shift+F11 或 Alt+Shift+F1	定位到上一个域
F11 或 Alt+F1	定位到下一个域
Ctrl+F11	锁定域
Ctrl+Shift+F11	解除锁定域
Ctrl+Shift+F9	取消域的链接
Alt+F8	运行宏
Alt+F11	打开代码编辑窗口

Excel 常用快捷键

工作簿基本操作

快　捷　键	功　　能
F10	打开或关闭功能区命令的按键提示
F12	打开【另存为】对话框
Ctrl+F1	显示或隐藏功能区
Ctrl+F4	关闭选定的工作簿窗口
Ctrl+F5	恢复选定工作簿窗口的大小
Ctrl+F6	切换到下一个工作簿窗口
Ctrl+F7	使用方向键移动工作簿窗口
Ctrl+F8	调整工作簿窗口的大小
Ctrl+F9	最小化工作簿窗口
Ctrl+N	创建一个新的空白工作簿
Ctrl+O	打开【打开】对话框
Ctrl+S	保存工作簿
Ctrl+W	关闭选定的工作簿窗口
Ctrl+F10	最大化或还原选定的工作簿窗口

在工作表中移动和选择

快　捷　键	功　　能
Tab	在工作表中向右移动一个单元格
Enter	默认向下移动单元格，可在【Excel 选项】对话框中的【高级】选项卡中设置
Shift+Tab	可移到工作表中的前一个单元格
Shift+ Enter	向上移动单元格

(续表)

快　捷　键	功　　能
方向键	在工作表中向上、下、左、右移动单元格
Ctrl+方向键	移到数据区域的边缘
Ctrl+空格键	可选择工作表中的整列
Shift+方向键	将单元格的选定范围扩大一个单元格
Shift+空格键	可选择工作表中的整行
Ctrl+ A	选择整个工作表。如果工作表包含数据，则选择当前区域。当插入点位于公式中某个函数名称的右侧时，将打开【函数参数】对话框
Ctrl+ Shift+空格键	选择整个工作表。如果工作表中包含数据，则选择当前区域。当某个对象处于选定状态时，选择工作表中的所有对象
Ctrl+ Shift+方向键	将单元格的选定范围扩展到活动单元格所在列或行中的最后一个非空单元格。如果下一个单元格为空，则将选定范围扩展到下一个非空单元格
Home	移到首行
Home	当 Scroll Lock 处于开启状态时，移动到窗口左上角的单元格
End	当 Scroll Lock 处于开启状态时，移动到窗口右下角的单元格
PageUp	在工作表中上移一个屏幕
PageDown	在工作表中下移一个屏幕
Alt+ PageUp	在工作表中向左移动一个屏幕
Alt+ PageDown	在工作表中向右移动一个屏幕
Ctrl+ End	移到工作表中的最后一个单元格
Ctrl+ Home	移到工作表的开头
Ctrl+PageUp	移到工作簿中的上一个工作表
Ctrl+PageDown	移到工作簿中的下一个工作表
Ctrl+Shift+*	选择环绕活动单元格的当前区域。在数据透视表中选择整个数据透视表
Ctrl+Shift+ End	将单元格的选定区域扩展到工作表中所使用的右下角的最后一个单元格
Ctrl+Shift+ Home	将单元格的选定范围扩展到工作表的开头
Ctrl+Shift+ PageUp	可选择工作簿中的当前和上一个工作表
Ctrl+Shift+ PageDown	可选择工作簿中的当前和下一个工作表

在工作表中编辑

快　捷　键	功　　能
Esc	取消单元格或编辑栏中的输入
Delete	在公式栏中删除光标右侧的一个字符
Backspace	在公式栏中删除光标左侧的一个字符
F2	进入单元格编辑状态
F3	打开【粘贴名称】对话框
F4	重复上一个命令或操作
F5	打开【定位】对话框
F8	打开或关闭扩展模式
F9	计算所有打开的工作簿中的所有工作表
F11	创建当前范围内数据的图表
Ctrl+"	将公式从活动单元格上方的单元格复制到单元格或编辑栏中
Ctrl+:	输入当前日期
Ctrl+'	在工作表中切换显示单元格值和公式
Ctrl+0	隐藏选定的列
Ctrl+6	在隐藏对象、显示对象和显示对象占位符之间切换
Ctrl+8	显示或隐藏大纲符号
Ctrl+9	隐藏选定的行
Ctrl+C	复制选定的单元格。连续按两次 Ctrl+C 组合键将打开 Office 剪贴板
Ctrl+D	使用【向下填充】命令将选定范围内最顶层单元格的内容和格式复制到下面的单元格中
Ctrl+F	打开【查找和替换】对话框的【查找】选项卡
Ctrl+G	打开【查找和替换】对话框的【定位】选项卡
Ctrl+H	打开【查找和替换】对话框的【替换】选项卡
Ctrl+K	打开【插入超链接】对话框或为现有超链接打开【编辑超链接】对话框
Ctrl+R	使用【向右填充】命令将选定范围最左侧单元格的内容和格式复制到右侧的单元格中
Ctrl+T	打开【创建表】对话框
Ctrl+V	粘贴已复制的内容
Ctrl+X	剪切选定的单元格
Ctrl+Y	重复上一个命令或操作
Ctrl+Z	撤销上一个命令或删除最后一个键入的内容
Ctrl+F2	打开打印面板
Ctrl+-	打开用于删除选定单元格的【删除】对话框
Ctrl+Enter	使用当前内容填充选定的单元格区域

（续表）

快　捷　键	功　　能
Alt+F8	打开【宏】对话框
Alt+F11	打开 Visual Basic 编辑器
Alt+Enter	在同一个单元格中另起一个新行，即在一个单元格中换行输入
Shift+F2	添加或编辑单元格批注
Shift+F4	重复上一次查找操作
Shift+F5	打开【查找和替换】对话框中的【查找】选项卡
Shift+F8	使用方向键将非邻近单元格或区域添加到单元格的选定范围中
Shift+F9	计算活动工作表
Shift+F11	插入一个新工作表
Ctrl+ Alt+F9	计算所有打开的工作簿中的所有工作表
Ctrl+Shift+"	将值从活动单元格上方的单元格复制到单元格或编辑栏中
Ctrl+Shift+（	取消隐藏选定范围内所有隐藏的行
Ctrl+Shift+）	取消隐藏选定范围内所有隐藏的列
Ctrl+Shift+A	当插入点位于公式中某个函数名称的右侧时，将会插入参数名称的括号
Ctrl+Shift+U	在展开和折叠编辑栏之间切换
Ctrl+Shift+加号	打开用于插入空白单元格的【插入】对话框
Ctrl+Shift+;	输入当前时间

在工作表中设置格式

快　捷　键	功　　能
Ctrl+B	应用或取消加粗格式设置
Ctrl+I	应用或取消倾斜格式设置
Ctrl+U	应用或取消下划线格式设置
Ctrl+1	打开【设置单元格格式】对话框
Ctrl+2	应用或取消加粗格式设置
Ctrl+3	应用或取消倾斜格式设置
Ctrl+4	应用或取消下划线格式设置
Ctrl+5	应用或取消删除线格式设置
Ctrl+ Shift+~	应用"常规"数字格式
Ctrl+ Shift+!	应用带有两位小数，千位分隔符和减号（用于负值）的"数值"格式
Ctrl+ Shift+%	应用不带小数的"百分比"格式
Ctrl+ Shift+^	应用带有两位小数的"指数"格式
Ctrl+ Shift+#	应用带有日、月和年的"日期"格式
Ctrl+ Shift+@	应用带有小时和分钟以及 AM 或 PM 的"时间"格式

（续表）

快　捷　键	功　　能
Ctrl+ Shift+&	对选定单元格设置外边框
Ctrl+ Shift+_	删除选定单元格的外边框
Ctrl+ Shift+F	打开【设置单元格格式】对话框并切换到【字体】选项卡
Ctrl+ Shift+P	打开【设置单元格格式】对话框并切换到【字体】选项卡

PowerPoint 常用快捷键

演示文稿和幻灯片的快捷键

快　捷　键	功　　能
F1	显示帮助
Ctrl+F1	隐藏或显示功能区
Alt+F4	退出 PowerPoint 程序
Esc	关闭当前打开的对话框
Ctrl+N	新建演示文稿
Ctrl+O 或 Ctrl+F12 或 Ctrl+Alt+F2	打开演示文稿
Ctrl+S 或 Shift+F12 或 Alt+Shift+F2	保存演示文稿
F12	另存演示文稿
Ctrl+W	关闭演示文稿
Ctrl+P 或 Ctrl+Shift+F12	打印演示文稿
Ctrl+M 或 Ctrl+Shift+M	新建幻灯片
Ctrl+Shift+D	复制幻灯片

定位光标位置的快捷键

快　捷　键	功　　能
向左键	左移一个字符
向右键	右移一个字符
向上键	上移一行
向下键	下移一行
Ctrl+向左键	左移一个单词
Ctrl+向右键	右移一个单词
Ctrl+向上键	上移一段
Ctrl+向下键	下移一段

（续表）

快　捷　键	功　　能
End	移至行尾
Home	移至行首
PageUp	上一张幻灯片
PageDown	下一张幻灯片
Ctrl+ End	移至占位符内的开头或演示文稿中的第一张幻灯片
Ctrl+ Home	移至占位符内的结尾或演示文稿中的最后一张幻灯片

选择文本的快捷键

快　捷　键	功　　能
Shift+向右键	将所选内容向右扩展一个字符
Shift+向左键	将所选内容向左扩展一个字符
Shift+向下键	将所有内容向下扩展一行
Shift+向上键	将所有内容向上扩展一行
Ctrl+ Shift+向右键	将所选内容扩展到字词的末尾
Ctrl+ Shift+向左键	将所选内容扩展到字词的开头
Ctrl+ Shift+向下键	将所选内容扩展到段落的末尾
Ctrl+Shift+向上键	将所选内容扩展到段落的开头
Shift+End	将所选内容扩展到一行的末尾
Shift+Home	将所选内容扩展到一行的开头
Ctrl+Shift+Home	将所选内容扩展到段落的开头
Ctrl+Shift+End	将所选内容扩展到段落的末尾
Ctrl+A	选择占位符内的所有内容，或选择所有幻灯片

编辑文本的快捷键

快　捷　键	功　　能
Ctrl+C	复制所选内容
Ctrl+X	剪切所选内容
Ctrl+V	粘贴内容
Ctrl+Alt+V	选择性粘帖
Ctrl+Shift+C	只复制格式
Ctrl+Shift+V	只粘贴格式
BackSpace	删除光标左侧的一个字符
Ctrl+BackSpace	删除光标左侧的一个单词

(续表)

快　捷　键	功　　能
Delete	删除光标右侧的一个字符
Ctrl+Delete	删除光标右侧的一个字符
Ctrl+F	打开【查找】对话框
Ctrl+H	打开【替换】对话框
Ctrl+K	插入超链接
Ctrl+Z	撤销上一步操作
Ctrl+Y	恢复或重复上一步操作
F4	重复上一步操作
F7	拼写检查
Shift+F7	打开同义词库

设置字体格式的快捷键

快　捷　键	功　　能
Ctrl+Shift+>	增大字号
Ctrl+Shift+<	减小字号
Ctrl+]	逐磅增大字号
Ctrl+[	逐磅减少字号
Ctrl+B	使文字加粗
Ctrl+I	使文字倾斜
Ctrl+U	给文字加下划线
Ctrl+等号	应用下标格式
Ctrl+Shift+加号	应用上标格式
Ctrl+T	打开【字体】对话框

设置段落格式的快捷键

快　捷　键	功　　能
Ctrl+L	左对齐
Ctrl+R	右对齐
Ctrl+E	居中对齐
Ctrl+J	两端对齐
Ctrl+Tab	插入制表符
Alt+Shift+向左键	提升段落级别
Alt+Shift+向右键	降低段落级别
Alt+Shift+向上键	上移所选段落
Alt+Shift+向下键	下移所选段落

操作表格的快捷键

快　捷　键	功　　能
Tab	定位到一行中的下一个单元格（或选择下一个单元格的内容）
Shift+ Tab	定位到一行中的上一个单元格（或选择上一个单元格的内容）
Alt+ Home	定位到一行中的第一个单元格
Alt+ End	定位到一行中的最后一个单元格
Alt+ PageUp	定位到一列中的第一个单元格
Alt+ PageDown	定位到一列中的最后一个单元格
向上键	定位到上一行
向下键	定位到下一行
Shift+向上键	向上选择一行
Shift+向下键	向下选择一行
Alt+Shift+ PageDown	从上到下选择光标所在的列
Alt+Shift+ PageUp	从下到上选择光标所在的列
Ctrl+数字键盘上的 5	选定整张表格

放映演示文稿快捷键

快　捷　键	功　　能
F5	从第一张幻灯片开始放映
Shift+F5	从当前幻灯片开始放映
Esc	结束放映
数字+Enter	转到第几张幻灯片
Enter 键、向右键、向下键或空格键	播放下一个动画或切换到下一张幻灯片
P、向左键、向上键或 BackSpace 键	播放上一个动画或切换到上一张幻灯片

附录5 VBA常用对象速查

Word VBA 常用对象

对象/集合	说　明
Application	Word 应用程序
Bookmark/Bookmarks	文档中的书签
Characters	文档中的字
Dialog/Dialogs	Word 中的内置对话框
Document/Documents	文档或文档集合
Find	要查找的对象
Font	文档中的字体
HeaderFooter/HeaderFooters	文档中的页眉和页脚
InlineShape/InlineShapes	文字层中的图片
Page/Pages	文档中的页面
Paragraph/Paragraphs	文档中的段落
Range	文档中的一个特定范围
Replacement	要替换的对象
Section/Sections	文档中的节
Selection	当前所选对象
Sentences	文档中的句
Shape/Shapes	绘图层中的图形
Style/Styles	文档中的样式
Table/Tables	文档中的表格
Template/Templates	文档模板
Window/Windows	窗口
Words	文档中的词

Excel VBA 常用对象

对象/集合	说　明
Application	Excel 应用程序
Areas	多个区域的集合
AutoFilter	自动筛选
Characters	单元格中的文本
Chart/Charts	图表工作表
ChartObject/ ChartObjects	工作表中的嵌入式图表
Dialog/Dialogs	Excel 中的内置对话框
Font	工作簿中的字体
HeaderFooter	页眉和页脚
Name/Names	工作簿中的自定义名称
Page/Pages	工作表中的页面
PageSetup	页面设置
Range/Ranges	工作表中的区域
Shape/Shapes	绘图层中的图形
Sheets	所有工作表的集合
Sort/Sorts	数据区域的排列方式
Style/Styles	样式
UniqueValues	查找区域中的重复值或唯一值
Validation	数据有效性
Window/Windows	窗口
Workbook/Workbooks	工作簿或工作簿集合
Worksheet/Worksheets	工作表或工作表集合
WorksheetFunction	可在 VBA 中使用的工作表函数

计算机文化基础(第二版)实验指导

主要内容

为了使学生真正学会计算机工具的使用，掌握计算机科学的最新知识，教材中安排了Windows 7的基本操作，Word 2010的输入、编辑与排版，Excel 2010的数据输入、计算及数据统计，PowerPoint 2010演示文稿的编排、制作及播放，网络基础知识等内容。为了便于学生练习及教师组织实践测试环节，本书安排了50套上机测试题和丰富的附录内容。

读者对象

本书可作为高等院校包括高职高专类各专业计算机文化基础课教材，也可供从事科研工作的工程技术人员和采用办公自动化的公务人员参考。

本书特色

通过实践操作练习、上机测试等多方面内容强化实践练习。本书集知识性、实践性和操作性于一身，具有内容安排合理、层次清楚、图文并茂、通俗易懂、实例丰富等特点。

特别是安排了50套上机测试题的题库和丰富的附录：Word查找和替换中的特殊字符、Excel函数速查表和Office常用快捷键，对学生和从事科研工作的工程技术人员以及采用办公自动化的公务人员有很大的参考价值。

本书所需资料可到http://www.tupwk.com.cn/downpage网站
侯殿有主编的《计算机文化基础(第二版)》随书资料中下载。

清华社官方微信号

扫我有惊喜

ISBN 978-7-302-27975-4

9 787302 279754

定价：36.00元